本书基金项目：

闵行区科普基地补贴(qikpid2020vwf)

上海市科学技术委员会科普基地补贴(20dz23i0800)

四川省科普培训项目《基于医联体·科普基地·志愿者构建川中南老年慢病与肿瘤防治科普培训体系》(四川省科学技术厅，22KJPX0021)

老年生活百问百答

杨青敏　主编

上海交通大学 出版社
SHANGHAI JIAO TONG UNIVERSITY PRESS

内容提要

本书以老年生活为抓手,以问答的形式解答老年人生活中常见的问题,具有较好的趣味性及可读性。本书内容丰富,共包含 10 个方面共 100 个问题,覆盖运动管理、饮食管理、睡眠管理、服药保健、看病就医、慢病管理、心理健康、居家生活、社交娱乐、退休生活,基本涵盖了老年日常活动、疾病管理和心理健康的各个方面,为老年健康生活提供了重要的参考依据。

图书在版编目(CIP)数据

老年生活百问百答/杨青敏主编.—上海:上海交通大学出版社,2023.3
ISBN 978-7-313-28211-8

Ⅰ.①老… Ⅱ.①杨… Ⅲ.①老年人—生活—问题解答 Ⅳ.①TS976.34-44

中国版本图书馆 CIP 数据核字(2022)第 244545 号

老年生活百问百答
LAONIAN SHENGHUO BAIWEN BAIDA

主　　编：杨青敏

出版发行：上海交通大学出版社		地　　址：上海市番禺路 951 号
邮政编码：200030		电　　话：021-64071208
印　　制：上海盛通时代印刷有限公司		经　　销：全国新华书店
开　　本：880mm×1230mm　1/32		印　　张：7
字　　数：120 千字		
版　　次：2023 年 3 月第 1 版		印　　次：2023 年 3 月第 1 次印刷
书　　号：ISBN 978-7-313-28211-8		
定　　价：48.00 元		

编　委　会

序

目前，中国已经进入老龄化社会。2022 年的数据显示，中国 65 岁以上人口为 20978 万人，占总人口数的 14.9%，中国的老龄化问题逐渐突出。由于经济的发展、科学的进步以及人类寿命的延长，人类的疾病谱也发生了显著的变化，危害人们生命健康的主要疾病不再是传染病和营养不良，而是慢病非传染性疾病和与年龄增长相关的退行性疾病。目前，据调查我国居民的死因，仅心脑血管疾病、癌症、慢性呼吸道疾病和糖尿病这 4 项即占了 85%。这些慢病当然可治疗，而且治疗的效果也在不断地提高，但是，毋庸讳言，这"死因统计"说明治疗效果仍然不尽人意，因此，预防成了重中之重。

正如习近平总书记在党的十九大报告中所指出的：应该倡导健康文明的生活方式。国务院办公厅印发的《中国防治慢性病中长期规划（2017—2025 年）》中也明确指出：要倡导"每个人都是自己健康的第一责任人"的理念。通过系统的健康教育，让每一位居民自觉遵守有益健康的行为和生活方式，具体表现为生活有规律，无不良嗜好，讲究个人、环境和饮食卫生，讲科学，注意保健，生病及时就医，积极参加有益的健康文体活动和社会活动等，减轻或消除影响健康的危险因素，预防疾病，促进健康，提高生活质量。

这本《老年生活百问百答》很好地诠释了健康管理的科学指导，将专业的医学科学技术、知识、疾病预防方法和科学健康理念，用科普、通俗的语言传递给我们的中老年朋友，帮助他们维护健康、预防疾病、改善预后，提高健康意识，养成健康的生活方式。

余　群

出版说明

　　复旦大学附属上海市第五人民医院老年慢病管理科普基地是上海市闵行区首家集老年慢病科普讲座、慢病模型展示、老年慢病照护体验、慢病科普培训为一体的老年慢病管理科普基地，于2017年获批上海市科普教育基地，2019年获批国家科普基地。基地以居民需求为导向，以普及老年慢病健康知识为出发点，通过多种形式，以通俗易懂的方式向人们解释慢病发展的规律、普及慢病防治的手段、提高人们对慢病的预防能力与健康管理能力，力求为家庭分忧解难，为促进老年人"未病先防，未老先养"，推进健康中国建设做贡献！

　　宜宾市第二人民医院始建于1889年，2012年被四川省卫生厅确定为川中南区域医疗中心，是一家集医疗、教学、科研为一体的现代化三级甲等综合医院。2021年3月，入驻四川省科协第二批"天府科技云服务"科普惠民共享基地。2021年4月，获宜宾市科技局和宜宾市科协命名"宜宾市科普基地"。2022年3月，与宜宾市科技馆（四川省科普基地）共建主体场馆"生命之光"完成布展。2022 年 5 月，获宜宾市科技局推荐申报四川省科普基地，目前在评审中。

两院以中国南丁格尔志愿者的合作项目为基础，2020 年建立科普基地合作，近年来，通过线上的方式，共同开展志愿者科普宣传活动。在互利互惠的基础上，两院共享科普专家，共创老年慢病科普手册、科普书籍等资源，促进复旦大学社区健康中心（中心落户在复旦大学附属上海市第五人民医院）的发展，为百姓健康服务发挥两院科普基地及复旦大学社区健康中心的作用。

杨青敏、陶莲德

前　言

　　慢病全称慢性非传染性疾病，具有起病隐匿、病程长且病情迁延不愈的特点。据国家卫生健康委相关数据统计，我国 75% 的老年人至少患有一种慢病，这意味着每 4 个老人中就有 3 个是慢病患者。随着发病率的增长，慢病已成为致死、致残的首要原因。目前，常见的慢病主要有心血管疾病、癌症、糖尿病、慢性呼吸系统疾病。这些慢病需要长期治疗、护理和康复，对老年人的生活质量产生较大的影响。

　　要做好慢病的防治，关键在于早预防、早发现、早干预。根据慢病防治的三类人群——一般人群、高危人群、患病人群分别采取不同的措施，包括控制危险因素、早诊断早治疗、规范化管理。目前开展的健康"四步走"——健康咨询、健康筛查、免疫接种、药物干预治疗能有效发现慢病，减轻慢病对生活质量的影响。然而，在慢病管理上，人的主观能动性占有重要因素，重视慢病，保持健康的生活方式十分重要。慢病的诸多危险因素如缺乏运动、吸烟、不健康饮食、过量饮酒、肥胖都是人为可控的，只有自身重视慢病的防治，才能预防和减缓慢病的发生。

本书以问答的形式展开老年慢病科普，从运动管理、饮食管理、睡眠管理、服药保健、看病就医、慢病管理、心理健康、居家生活、社交娱乐、退休生活十个方面，回答老年人生活中的常见问题，形式新颖，通俗易懂。书中的一问一答，既是对老年慢病知识的解答，也是对老年慢病生活的思考。随着人均寿命的不断增长，如何让自己的老年生活更加丰富有趣，这已成为人们关切的问题。相信这本书能使各位老年朋友得到一些启发，并注重慢病管理、开拓新的生活方式，希望所有的老年朋友能安享晚年，实现健康养老。

此外，本书还同步配套了 PPT 进行详细讲解，扫描下方二维码即可观看。

扫码阅读 PPT

编　者

2023 年 3 月

目　录

第三章　睡眠管理十问

第四章　服药保健十问

第五章　看病就医十问

第八章　居家生活十问

第九章　社交娱乐十问

第十章　退休生活十问

扫码阅读 PPT

 运动
管理十
问

第 **1** 问　老年人为什么要运动

　　生命在于运动，运动对身体健康非常重要，对老年人也是如此。大量研究表明，运动确实可以"通经活血"。运动可以明显改善高血压，降低舒张压，降低甘油三酯，降低胆固醇（高密度脂蛋白），加速血液循环，降低血液黏滞度；可以提高心肌的兴奋性，增强心肌收缩力，扩张冠状动脉，改善血流，提高心肌利用氧的能力，从而加强心脏的功能；可以促进胃肠道蠕动，改善胃肠道功能，治疗便秘；能够平衡饮食摄入，巩固糖尿病治疗。

　　另一方面，运动还可能预防骨质疏松，调节生活节律，治疗神经衰弱，缓解精神压力等。因此，为了更好地治病、防病、养老，老年人首先要确立运动对疾病管理和治疗具有积极作用这一科学观念，在实际应用中，以专业评估为依据，以个人实际情况为立足点，多听从医生和运动专业人士建议，切莫道听途说，自说自话。

　　（1）运动不但可以增加老年人的力量和精力，同时通过保持肌肉的张力，可以有效地改善、维持老年人的平衡能力，降低跌倒受伤的风险。

　　（2）运动时释放的内啡肽是我们身体的天然激素，能起到止痛和提升兴奋感的作用，可以帮助改善老年人的情绪。

（3）运动除了保持体重，减少脂肪的作用外，还有助于改善老年人的睡眠。

第 2 问　老年人如何选择合理的运动方式

1. 有氧运动

（1）有氧运动可以增加呼吸和心率，对保持心脏和肺的健康非常重要。走路是一种简单、方便的有氧运动，最初先以适度的速度走几分钟，然后逐渐增加走路的距离和时间。

有氧运动处方推荐

频率	中等强度每周 2~5 天，或较大强度每周 2~3 天。
强度	推荐大多数老年人进行中等强度的运动，以 70% 最大心率左右 [最大心率 =（170– 年龄）×（60~80）%]，能够和他人正常交流为度。
持续时间	推荐大多数老年人中等强度的运动，每天累计 30~60 分钟，每次运动时间不少于 20 分钟，每周运动的总时间 150~300 分钟。
运动量	每天步行的步数不少于 7000 步，有益健康。
模式	运动可以是每天一次性达到推荐的运动量，也可以是每次不少于 10 分钟的运动时间的总和。
进度	对运动的持续时间、频率和（或）强度进行调整，逐步达到运动目标。循序渐进的运动方案可以促使锻炼者坚持锻炼，减少骨骼肌损伤和不良心血管事件。

（2）游泳、跳舞也是常见的适合老年人的运动方式。

2. 柔韧性练习

柔韧性练习有助于提升老年人的敏捷度，扩大关节的活动范围。活动身体会使老年人更容易完成许多动作，同时也会降低运动中受伤的风险。常用的柔韧性练习包括练瑜伽和打太极拳，切记每次运动后都要做伸展放松活动。

柔韧性运动处方推荐

频率	每周至少 2~3 次，每天练习，效果最好。
强度	拉伸到拉紧或轻微不适状态。
时间	推荐大多数成人静力拉伸保持 10~30 秒。 老年人拉伸保持 30~60 秒获益更多。
方法	推荐对所有主要肌肉肌腱单元进行一系列的柔韧性练习。 静力拉伸、动力拉伸、弹震拉伸等都是有效方法。
运动量	合理的练习量是每个柔韧性练习的总时间为 60 秒。
模式	建议每个柔韧性练习都重复 2~4 次。肌肉温度升高时进行柔韧性练习的效果最好，通过主动热身或热敷、洗澡等被动方法都可以提高肌肉温度。
进度	循序渐进。

3. 力量练习

增强肌肉的运动包括举重、上下楼梯、使用弹力带锻炼等多种方式。运动方式的选择因人而异。

对于老年人来说，推荐使用健身器械、康复器械锻炼力量，相比非器械类的训练受伤的机会更小。但前提是确保器械是按照厂商设计的方式正确使用。如果能够有专业的运动或康复教练的配合，效果和安全会更加有保证。

力量训练运动处方推荐

频率	每周对每一个大肌群训练 2~3 次，间隔时间大于 48 小时。
强度	老年人以 40%~50%1RM（低到较低强度）为起始强度提高力量。（注: RM 是指训练强度）
类型	推荐进行大肌群的力量训练，比如肩关节、膝关节等大关节周围的肌肉群。
重复次数	中老年人开始练习时，以重复 10~15 次的负荷有效提高力量。
组数	推荐大多数成年人以 2~4 组重复提高力量和爆发力。 仅 1 组练习也是有效的，尤其对于老年人和初学者。
模式	有效的组间休息为 2~3 分钟。建议同一肌群练习之间至少休息 48 小时。
进度	推荐进度是逐步增加阻力，和（或）增加每组的重复次数或频率。

持续的力量训练，在使肌肉变强壮的同时，也会增强肌肉的耐力，不容易感到疲劳。核心肌肉支撑着人的背部，所以加强这个区域的练习很重要。

第3问 老年人如何选择适合自己的运动强度

老年人应该根据自己的生理特点和健康状况，选择适当的运动强度、时间和频率。最好坚持每天锻炼，每周至少锻炼3~5次。每天户外活动时间至少半小时，最好一小时，老年人进行健康锻炼，一定要量力而行，运动强度以轻微出汗、自我感觉舒适为度。

所有的运动开始前均应进行自身运动当量和病情的评估，量力而行，每次运动需注意控制自主感觉劳累分级在13~14分。运动前需进行5~15分钟的热身运动，运动结束后需注意放松肌肉，同时注意控制每次运动时间，避免过度疲劳诱发急性心脑血管意外。

运动当量快速判断表

你是否能够完成以下内容	代谢当量
照顾自己	1 MET
吃饭穿衣或者上厕所	2 MET

你是否能够完成以下内容	代谢当量
以 2~3 km/h 的速度在平地步行 1~2 个街区	3 MET
在家里做些轻度体力劳动如扫地或者洗碗	4 MET
爬一层楼梯或者攀登一座小山	5 MET
以 4km/h 的速度平地步行	6 MET
跑一小段距离	7 MET
在住宅周围进行重体力劳动，如拖地时提起或挪动重家具	8 MET
参加适度的娱乐活动，如打高尔夫球、打保龄球、跳舞、打网球、投篮或射门	9 MET
参加紧张的运动，如游泳、网球、足球、篮球或滑雪比赛	10 MET

自主感觉劳累分级量表（RPE）

自主感觉劳累分级量表（RPE 量表）：利用主观感觉来推算运动负荷强度的一种有效的方法，可参照 RPE 来控制运动强度。

Borg 计分	自我理解的用力程度
6 7 8	非常非常轻
9 10	很轻
11 12	轻
13 14	有点用力
15 16	用力

Borg 计分	自我理解的用力程度
17 18	很用力
19 20	非常非常用力

注：有氧运动的强度设定应控制自主感觉劳累分级在 12~13 分范围。

第4问　老年人运动原则知多少

1. 安全

由于老年人体力和协调功能衰退，视、听功能减弱，对外界的适应能力下降，因此在运动时，首先要考虑安全，避免有危险性的项目和动作，运动强度和幅度不能太大，动作要简单舒缓。

2. 全面

尽量选择多种运动项目，活动全身，使全身各关节、肌肉群和身体多个部位受到锻炼。注意上下肢协调运动，身体左右侧对称运动，并注意颈、肩、腰、髋、膝、踝、肘、腕、手指、脚趾等各个关节和各个肌肉群的运动，以及眼、耳、鼻、舌、齿经常运动。

3. 自然

老年人运动方式应自然、简便，不宜做负重憋气、过分用力、头部旋转摇晃的运动，尤其是有动脉硬化和高血压的老年人，更应避免。

第5问 老年人的运动禁忌有哪些

对于合并慢性肾功能不全的老年人，推荐从每周2次运动开始逐渐增加至每周5次，每次运动时间控制在20~60分钟，主要以有氧运动＋小重量抗阻练习为主。腹透插管的患者需注意在干腹时运动，同时避免做仰卧起坐、"小燕子"等可能导致腹压增高的运动，不建议腹透患者游泳。对于有动静脉造瘘的血透患者，需注意避免牵拉或按压造瘘部位，以免导致造瘘血管堵塞。

需注意运动的禁忌证：① 严重的高血压（超过180/110mmHg）或低血压（低于90/60mmHg）；② 严重的心力衰竭、心律失常、肺动脉高压（肺动脉压大于55mmHg）；③ 急性炎症或急性疾病发作期；④ 严重水肿或关节肿痛。在运动时如出现以下症状应立即停止运动：① 胸、臂、颈或下颌等部位烧灼痛、酸痛、缩窄感；② 严重的胸闷、气短、交谈困难；③ 头痛、头晕、黑矇、周身无力、心悸；④ 肌肉痉挛、关节疼痛等。

对于合并冠心病但处于低危的老年人，可进行有氧运动、抗阻运动以及柔韧性练习。有氧运动时间从每次15~30分钟开始，逐步延长至60分钟；抗阻运动每组10~15个，每个动作3~4组，每次锻炼4~10个肌群。

运动频率建议每周2~5次，循序渐进。合并冠心病但处于中危的老年人，推荐有氧运动和柔韧性练习，运动时间和运动频率参照低危患者，如耐受度良好可加做抗阻练习，每组8~15个，每个动作3~4组，每次锻炼4~10个肌群。而对于冠心病高危的患者，以卧床踏车、手摇车、坐位肢体运动为宜，以被动运动为主，尽量增加主动运动，避免需要屏气的负重练习。病情稳定可以利用小重量的哑铃或弹力带进行上肢训练，视情况逐渐增加对抗自身重力的下肢训练和核心训练，建议在康复师指导下进行。

对于脑卒中遗留部分肢体功能障碍的老年人，仍鼓励自主运动，可在助行器等辅助设备下进行快步走等有氧运动，同时推荐抗阻运动等肌力和核心训练，需注意防止跌倒；对于存在严重肢体功能障碍的老年人，推荐床上被动运动，包括吞咽和呼吸训练、卧床踏车、手摇车等，运动时应避免诱发或加重痉挛，建议在康复师指导下进行。

第6问 老年人运动前要准备些什么

人们经常会发现，很多老年人在运动的过程中，虽然体质得到了提高，但是因为没有做好相关的措施，容易在过程中出现问题。特别是老年人，不建议空腹运动，所以在进行运动前，应该适当补充些食物。

而且不管在什么时间段进行运动，都应该遵守循序渐进的原则，特别是要做好充分的热身，让身体活动开，这样才能避免运动给身体造成不适。通常情况下，可以选择散步作为热身方式，让身体有一个适应的过程。

还应准备饮用水，保证身体水分充足，但是要避免饮用冷水，尽量以温水为宜。

第7问 老年高血压患者如何进行运动管理

高血压是心血管疾病的一个主要高危因素，90%

的高血压是先天性的，以控制为主，剩下 10% 由其他因素引起，可以被治愈。高血压不是老年专属病，但老年人普遍存在高血压。收缩压高于 140mmHg 和（或）舒张压高于 90mmHg 即被称为高血压［美国心脏协会（AHA）已将高血压标准改为 130/80mmHg］。

血压升高会增加心肌梗死、卒中的危险，长时间而缓慢的血压升高会导致肾脏疾病和心血管疾病。血压升高的次重要因素（10%）包括甲状腺功能减退、皮质醇增多症、高醛固酮症、肾动脉狭窄、嗜铬细胞瘤等。不良的生活作息习惯、不当的体重管理和压力管理都是引发高血压的重要原因。吸烟、异常脂蛋白血症、糖尿病、年龄超过 60 岁（男性）、绝经（女性）、高血压家族史都是高血压的危险因素。

高血压人群非药物调整的方式有：适量运动、饮食调整、降低体重、保证充足睡眠、减少钠摄入和保证钾摄入、戒酒戒烟、减少饱和脂肪和胆固醇摄入。通过健身管理主要达到的目标有：增加最大摄氧量和呼吸门槛（上气不接下气之时）；增加最大功率和耐力；控制血压；增加肌肉耐力。

研究显示，长时间有效的运动能显著降低静息状态时的心率，同时可以降低高血压人群的血压水平。高血压人群开始运动需要得到医生的许可，其他的调整方式越早实施越好。运动开始的注意事项和建议如下。

（1）强度选择，建议从低强度运动开始，根据训练时长和表现逐渐增加强度。这个强度区间的运动比中高等强度运动更为显著地降低安静血压值和降低血压对刺激性的反应。运动强度的控制一般通过心率监控和自主感觉劳累分级（RPE）来估算，目标心率＝最大心率［如果无法进行专业测试，一般通过（220－年龄）］×（40%~50%）的方式来计算；RPE 选择 8~10（标准：6~20）的程度开始。

（2）如果有服用 β 受体阻滞剂，需要额外关注运动强度监控的问题，因为 β 受体阻滞剂不仅使心率变缓，还会阻止运动正常反应引起的心率增加。此时建议以 RPE 为标准，如果以心率为标准，目标心率应该低于 40% 的心率储备。

目标心率＝储备心率 × 强度＋静息心率，储备心率＝最大心率－静息心率，例如某人 65 岁，静息心率为 55，那么目标心率＝（220 － 65 － 55）×35%+55=90。如果有服用利尿剂，需要注意及时补充水分。

（3）锻炼频率和时长，除开高于 5 分钟的热身和冷身，锻炼时长应该维持 10~30 分钟，然后逐渐达到 30~60 分钟，每周建议保持 3~7 次的频率，而且在条件允许的情况下，应该尽量争取每天都进行运动。

老年高血压的临床特点

收缩压增高，脉压增大

血压昼夜节律异常
夜间血压下降幅度 <10%（非杓型）或 >20%(超杓型)

白大衣性高血压增多

血压波动
清晨高血压、高血压合并体位性低血压和餐后低血压者增多

假性高血压增多
多见于动脉严重钙化的老人，也常见于糖尿病、尿毒症患者

（4）训练的选择，血压控制良好的人可以选择更多种类的训练：自重训练、自由重量训练、弹力带阻力训练、有氧训练、循环训练（抗阻有氧结合）。如果有并发症，就需要对训练有所限制，具体限制视并发症情况而定。低强度有氧训练是首要的运动形式，如步行、骑车、游泳等。抗阻训练需要与有氧训练结合安排，且以高重复次数低阻力的形式进行训练（16~20RM），训练开始的前期建议每个动作不超过 3 组，以大肌群训练为主。避免大量静力等长训练动作（如静蹲、平板支撑）。

（5）规律训练一定时间（一般 4~6 个月）后，根据自身状态和运动水平进步情况，适当增加抗阻训练强度，并减少训练频率，一般为每周 3 次。

合适的运动有着非常好的降血压效果，同时也是减轻体重的重要手段之一，在开始运动的同时，做好饮食调整，保证良好睡眠，戒烟戒酒，这是给高血压人群健身管理的一些建议。

第8问　老年人如何做好健康管理

在居家和外出时，老年人如何做好自我防护管理？保健护理专家指出，老年慢病患者由于已有基础性疾病，做好健康管理显得尤为重要，重点要做好以下几个方面的工作。

（1）做好居家防护，保持健康生活方式。讲究个人卫生，注意室内通风换气。做到合理膳食，适量运动，放松心态。慢病患者要坚持适量运动，建议每周5天、每天30分钟中等强度的运动，推荐太极拳、八段锦、健身操等在室内也可以进行的运动项目。

（3）定期自我监测。对于治疗方案固定的患者，要遵医嘱规律足量服药，不能随意增减药物，更不能断药。要定期监测血压、血糖，对服用的药物和测量的血压、血糖值都要做好记录。监测体温变化，注意有无咳嗽、胸闷、呼吸困难、乏力、恶心、呕吐、腹泻、肌肉酸痛等可疑症状。

此外，各类医疗机构现在也在推行慢病长处方，根据慢病患者的情况，将处方延长至 12~14 周，通过分时段预约、分诊以及长处方制度，减少患者在医院的聚集，降低交叉感染的风险。

第9问 运动过程中要怎么避免损伤

虽然运动的好处有很多，但是不管什么样的运动，如果没有正确进行，都可能存在一定的风险。老年人要保持正确的运动方式，才能减少在运动过程中出现的损伤，避免带来不好的影响。

老年人的肌肉力量明显减弱，而且神经系统反应比较慢，协调力比较差，所以运动应该保持缓慢进行，避免出现摔伤的情况。运动过程也应该注意呼吸顺畅自然，这样能避免氧气供给减少。同时在运动时保持良好情绪，不能过度激动，以免造成不利影响。

根据身体情况不同，当感觉劳累后，就应该停下来休息，过度运动并不能起到积极的作用。

第 10 问　老年人运动的常见注意事项有哪些

（1）在开始运动之前，及时与医生确认你的锻炼计划，并定期沟通锻炼过程中的身体反应。确保按时服用医生建议的药物。

（2）在尝试新的项目之前，要学会如何安全运动。

（3）慢慢开始，随着时间的推移逐步增加活动量。每个新项目开始的最初几次，把锻炼的时间控制在10~20分钟，这有助于降低受伤的风险。

（4）把锻炼融入日常生活中，例如，走楼梯而不是坐电梯，乘坐公共交通出行时提前下车，走路或骑车完成剩余的路程，白天花点时间散步。

（5）注意你的感受，不要运动过量。如果运动时不能说话，说明强度过大。如果感到喘不过气、头晕、肚子疼，请立即终止锻炼。如果感到胸部、手臂、颈部、腿部疼痛或不适，建议停止运动，坐下来休息。

（6）运动的前、中、后要适度饮水。

（7）避免在非常寒冷或炎热的天气下进行运动。如果一定要在天气很热或很冷的时候外出锻炼，最好和家人或者朋友一起，并记得带上手机。如感到不适，及时打电话求助。

扫码阅读 PPT

第二章

饮食
管理十
问

第 **11** 问　老年人如何健康饮食

一、老年人饮食的总体原则

- ◇ 食物品种丰富，动物性食物充足，常吃大豆制品。
- ◇ 鼓励共同进餐，保持良好食欲，享受食物美味。
- ◇ 积极户外活动，延缓肌肉衰减，保持适宜体重。
- ◇ 定期健康体检，测评营养状况，预防营养缺乏。
- ◇ 食物多样化，鼓励多种方式进食。
- ◇ 选择质地细软，能量和营养素含量高的食物。
- ◇ 多吃鱼、禽、肉、蛋、奶和豆类，适量蔬菜配水果。
- ◇ 关注体重丢失，定期营养筛查，预防营养不良。
- ◇ 适时合理补充营养，提高生活质量。
- ◇ 坚持健身与益智活动，促进身心健康。

二、一般老年人和高龄老年人膳食指南的关注重点和营养指导原则

1. 一般老年人：65~79 岁

衰老引起的身体功能衰退：如咀嚼和消化能力下降、食欲和味觉功能减退、骨骼和肌肉流失、免疫力下

降等。这些变化可明显影响老年人食物摄取、消化和吸收的能力，使营养缺乏和疾病风险增加。因此，针对这些问题为老年人提出膳食指导很有必要。

旨在帮助老年人更好地适应身体机能的改变，努力做到合理膳食、均衡营养，预防和延缓疾病的发生和发展，延长健康寿命，提高生命质量，促进实现成功老龄化。

2. 高龄老年人：80岁及以上

高龄老年人的老龄化特征突出，慢病、共病的发病率高。

身体各个系统功能显著衰退，生活自理能力和心理调节能力明显下降，营养不良发生率高。因此，对膳食营养的管理需要更加专业精细个体化的指导。

对高龄老年人，要加强营养筛查和营养指导，膳食摄入不足或伴有慢病，应在医生和临床营养师指导下，适时合理补充营养，如特医食品、强化食品和营养素补充剂等。

第12问 老年人应如何选择主食

我们常吃的精米、精面在加工过程中会损失大量营养素，特别是 B 族维生素和矿物质。因此，膳食中应注意粗细搭配，常吃粗粮和全谷类食物，每天 50~100g 为宜，杜绝顿顿精米白面。

以小米、糙米、薏仁、燕麦、紫米、红豆及绿豆等全谷类或甘薯、芋头、马铃薯、山药及南瓜等根茎类来取代白米、面条或面包，使饮食的种类与口味多元化，提升老年人的食欲及新鲜感。

玉米、荞麦、高粱米这些粗粮中都含有相当丰富的膳食纤维，对改善老人便秘起到重要作用。

老年人吃粗粮最好粗粮细做，将粗粮粉碎成颗粒或粉状，做成各种各样杂粮糊、杂粮馒头等，口感好、易嚼碎，便于消化吸收。

老年生活百问百答

第13问 老年人应多喝奶制品吗

- 中国营养学会推荐，老年人每日膳食钙的参考摄入量为 1000 毫克。

- 奶类不仅钙含量高，而且钙与磷比例比较合适，还有维生素 D、乳糖、氨基酸等促进钙吸收的因子，吸收利用率高，是膳食优质钙的主要来源。

- 足量摄入奶类可延缓骨密度下降速度，预防骨质疏松。

- 奶制品中的乳清蛋白对促进肌肉合成、预防肌肉衰减很有益处。而肌肉衰减、肌肉无力是造成老年人跌倒的重要原因。

- 老年人多喝牛奶、酸奶和奶酪等奶制品，可降低跌倒及髋部骨折风险！

第14问 老年人应选择哪些蔬菜水果

一、蔬菜选哪些?

- 马铃薯——富含维生素 C，富含淀粉和蛋白质。

- 四季豆——富含蛋白质和矿物质，能预防肠胃不适。

- 白菜——富含维生素 C，对肠胃有益。
- 茄子——含糖、蛋白质及多种维生素，有清热、通肠的效果。
- 节瓜——富含维生素 B、维生素 C，能预防感冒。
- 西兰花——富含维生素和铁、钙，能预防贫血、抗氧化。
- 西红柿——富含维生素及铁、钙、镁等矿物质，能抗氧化和预防心脏病。
- 灯笼椒——富含维生素 C，有舒缓神经、增进食欲的功效。

二、水果选哪些?

- 葡萄——含有微量元素钾，老年人多吃葡萄，可促进体内钠的排出，对降低高血压有利。
- 猕猴桃——有助于调节糖代谢，同时调节细胞内

老年生活百问百答

激素和神经的传导效应，对控制血糖起到一定
作用。

- 山竹——补充多种维生素和矿物质，清除胆固
  醇，避免它们在血管壁上沉积。
- 草莓——有助于调节胃酸分泌，帮助杀灭肠胃
  中的多种病原菌，同时促进肠胃蠕动，缓解消
  化不良症状。
- 橙子——丰富的维生素 C 有助于逆转阳光和污
  染引起的皮肤损伤，减少皱纹，改善皮肤质地。
- 苹果——富含抗氧化成分，能改善神经系统的
  整体状况，有助于保护神经细胞免受氧化应激
  反应，降低认知障碍的发生风险。
- 香蕉——富含膳食纤维、钾元素、维生素 C 和
  维生素 B_6，可以促进溃疡愈合，防止胃酸侵蚀
  胃壁，改善便秘，保护心脏。

第15问 老年人应怎样补充蛋白质

我国居民膳食指南推荐

（1）健康的成年人每天应摄入 1.0~1.2 克 / 千克体
重蛋白质。

（2）动物性蛋白和大豆蛋白等优质蛋白应占总膳食蛋白质摄入量的 30%~50%。

（3）一个健康成年人每天摄入肉类（包括猪肉、牛肉、羊肉、禽肉以及动物内脏等）40~75g，水产类40~75g，蛋类 40~50g，奶制品 300g。

- 优质蛋白的来源主要有四类：肉、蛋、奶和豆，豆指的是大豆，包括黄豆、青豆和黑豆 3 种。
- 推荐四类优质蛋白里至少选择三类，每天摄入植物蛋白和动物蛋白的比例最好是 1∶1。
- 维生素 B 族能促进蛋白质吸收，富含维生素 B 的食物有新鲜的蔬菜、粗粮、蘑菇、干果等。
- 高糖高纤维的果汁、含维生素 C 过高的水果会影响蛋白质吸收，因此不建议在夏季过多饮用水果奶昔一类的饮品。
- 过酸、过碱的烹饪方式也会导致蛋白质变性，比如过热或者用料酒、醋、小苏打等过酸、过碱的调料腌制，蛋白质可能就会变性。

第**16**问 老年人能吃坚果吗

坚果中的脂肪绝大部分都是不饱和脂肪酸，对于降低"坏"胆固醇（低密度脂蛋白胆固醇）、改善血脂有好处，经常摄入坚果能帮助中老年人降低心血管疾病的风险。

坚果中的膳食纤维也很丰富，膳食纤维能够增强饱腹感，促进肠道蠕动，对于预防 2 型糖尿病和降低胆固醇也有一定的作用。

坚果的热量很高，因此我们也要控制摄入。据中国居民膳食指南推荐：每人每周可吃 50~70g 坚果，即平均每天吃 10g 左右。

以下类型的坚果不宜食用

（1）高温烘焙——高温烘焙的坚果比较容易上火。

（2）发霉变质——坚果发霉时可能受到黄曲霉毒素的污染，而黄曲霉毒素会引起中毒，且具有高致癌性。

（3）高盐高糖——口味多样的坚果零食，大都盐多糖多，会给身体增加代谢负担。而且口味越重的坚果，隐藏着变质坚果的可能性就越大。

常见坚果营养PK 每30g	膳食纤维	脂肪	Omega-3	蛋白质
夏威夷果	2.4g	22.8g	62mg	2.3g
碧根果	2.9g	21.6g	296mg	2.8g
松子	1.1g	20.5g	33.6mg	4.1g
核桃	2.0g	19.6g	2724mg	4.6g
榛子	2.9g	18.2g	26.1mg	4.5g
瓜子	3.3g	15.0g	22.2mg	5.8g
巴旦木	3.8g	15.0g	1.8mg	6.3g
花生	2.6g	14.8g	0.9mg	7.8g
开心果	3.2g	13.6g	76.2mg	6.0g
腰果	1.0g	13.2g	18.6mg	5.5g

第17问 老年人烹饪时应注意什么

在烹调肉类时，尽量选择蒸、煮、炖等清淡的方法烹调，并且不要放太多的盐和调料，避免摄取过多油脂，使食材变软，可口又健康。

应该避免采用煎、炸、熏、烤等方法，因为煎炸熏烤过程中会产生多种致癌物，并且引入更多油脂，容易导致老年人消化不良，同时导致营养无法完全吸入。

（1）少油——炖煮各种肉类的汤品，可在食用前放入冰箱冷藏，油脂会浮在汤品的表面，等凝结后将上层油脂撇除，以减少油脂量。

（2）少糖——建议不要常食用烹调成浓汤、裹粉勾芡的饮食，多食用低升糖指数的食物，如富含膳食纤维的蔬果，使血糖上升较缓慢的多糖或寡糖类。

（3）少盐——建议老年人一天食盐摄取量以 5~8g 为宜，若为慢病（如高血压、肾脏病、心血管疾病、肝病）患者，应适当控制钠的摄取量。

第18问 老年人饮食有什么禁忌

（1）少食荤腥——老年人一般好静少动，热量消耗较少，过多摄取荤食或经常饮食过量，既加重胃肠负担，又易导致肥胖，诱发多种疾病。

（2）宜鲜忌陈——新鲜食品营养丰富，易于消化吸收。老年人的食物以随购随食为好，尤其是夏季，以免消化道感染。

（3）宜淡忌咸——过咸、过甜、过辣的口味对老年人都不适宜，患有高血压、心肾综合征的老年人，口味更宜清淡。

（4）宜温忌冷——老年人为虚寒之体，温食可暖胃养身。平日里应少吃冷食，更忌生食。

（5）忌食过烫——由于食管前方紧靠左心房，吞咽高温食物后，容易影响心率，有时还会引起心律失常。

（6）忌食太硬——老年人牙齿大多数已动摇或脱落，咀嚼困难，因此食物宜煮烂、做软，以利消化吸收。

（7）忌食过多——老年人肠胃弱，吃太多容易增加身体负担，引起消化不良等。

第19问 老年人可以适当多吃哪些食物

（1）菠菜——含有丰富的铁元素，还含有大量的碳水化合物和蛋白质，膳食纤维以及丰富的维生素，钙、钾、磷等人体所需矿物元素。常吃菠菜有利于改善缺铁性贫血、头痛、头晕、高血压、糖尿病、便秘等问题。

（2）金针菇——含铁量非常高，常食金针菇除了改善贫血症状以外，还能利尿消肿，改善头晕耳鸣等问题。

（3）红枣——含氨基酸、维生素以及各种微量元素，都是人体补血所不可缺的重要营养物质。

（4）荞麦面——富含丰富的膳食纤维，而这种物质的含量是精制大米的 10 倍。并且，荞麦本身所含有的铁、锰、锌等微量元素也比大多数的谷物丰富，也更易于消化吸收。

（5）芋头——质地软滑，容易消化，而且还含有丰富的蛋白质、碳水化合物及钙、磷、铁等微量元素，适合老年人，做法比较简单，既可蒸食，也可炖食。

（6）胡萝卜——含有丰富的维生素 B、维生素 C 和胡萝卜素，能增强皮肤新陈代谢、增进血液循环。

第20问 老年人饮食中有哪些常见误区

1. 长期喝粥

长期喝粥容易导致胃黏膜萎缩，引起消化功能减退。而且粥中的热量不足，满足不了人体的能量需求，会导致老年人体型瘦弱。

2. 菜煮太烂

生活中，不少老人喜欢先将蔬菜焯一遍，然后就放水里长时间煮，这就将蔬菜中不少水溶性的维生素破坏，营养价值降低。

3. 钙补得越多越好

老年人过量补钙不但不会促进骨骼的发展，反而容易引起动脉硬化。重要的是增加户外活动，增加骨骼的强度。

4. 油脂越少越好

脂肪是人体能量的重要来源，可提供必需脂肪酸，同时，油脂也是脂溶性维生素的溶剂，维生素 A、D、E、K 的消化吸收需要油脂。

5. 喝骨头汤补钙

骨头汤含一定量的钙，但喝骨头汤补的钙吸收率低，又是高脂肪类食物，还易造成重金属元素沉积。

6. 吃粗粮越多越好

一味多吃粗粮同样会造成能量过剩、血糖超标。细粮里维生素、矿物质等微量营养素含量比粗粮少，但是易消化吸收；粗粮中的微量营养素虽然含量较高，但其所含有的膳食纤维会影响吸收。

扫码阅读 PPT

 睡眠
管理十
问

第21问 什么是睡眠

睡眠（sleep）是指高等脊柱动物周期性出现的一种自发的和可逆的静息状态，表现为机体对外界刺激的反应性降低及意识的暂时中断，正常人脑的活动始终处于觉醒和睡眠的交替状态，这种交替是生物节律现象之一。睡眠是机体所必需的过程，可以帮助人体缓解疲劳、恢复精神和促进疾病康复，对于机体维持健康至关重要。

第22问 睡眠对健康有哪些重要性

睡眠对于老年人生理、心理健康的重要性主要体现在以下几个方面。

（1）消除疲劳、恢复体力。睡眠期间，机体有关脏器能够制造人体的能量物质，为机体供能。睡眠期间人体活动减少，机体代谢率降低，可以帮助人体节省体力，有助于机体的修复。

（2）保护大脑，恢复精力。睡眠状态下人体的大脑处于安静状态，能量消耗减少，有助于大脑能量的储存，疲劳的神经细胞在睡眠期间得以休养生息，睡眠对于大脑来说是一项重要的保护措施。

（3）增强免疫力，促进机体康复。人体具有复杂而精细的免疫系统，能够抵御日常侵入人体的有害物质，如细菌和病毒。睡眠状态下，人体的免疫系统处于异常活跃的状态，帮助机体抵抗不良刺激，促进机体的康复，睡眠是机体的保护因素。

（4）延缓衰老，促进长寿。睡眠期间，人体的代谢活动减缓，机体处于修复和能量重聚的过程。如果缺乏充足的睡眠，人体会出现各种早衰反应，如头晕、眼花、耳鸣、神经系统功能紊乱、免疫力下降，甚至导致死亡。

（5）促进心理健康。充足的睡眠可以帮助人体恢复精力充沛的状态，在此状态下人精神愉悦、工作效率提高；相反，睡眠不足则会使人精神不振、烦躁、注意力减退、效率降低，长此以往可能会导致心理疾病如焦虑症、抑郁症等的发生。

（6）美容养颜。睡眠时，机体皮肤的毛细血管血流丰富，皮肤在此时能够汲取充足的营养，并且排出代谢废物，促进皮肤的再生。因此，睡眠有助于机体皮肤的新陈代谢，这就是我们通常所说的"美容觉"。

第23问 老年人睡眠特点是什么

老年人的睡眠特点是早睡、早醒、夜间觉醒次数多、有效睡眠时间少。老年人大脑皮层功能减弱，新陈代谢减慢，深度睡眠减少，入睡期和浅睡眠期时间增长，正常的睡眠过程常受到影响。老年人容易出现睡眠维持困难、总睡眠时间减少、夜间觉醒增加、对外界刺激的敏感度增高等。因此，老年人更容易出现睡眠障碍。

第24问 老年人睡眠的影响因素有哪些

1. 生理因素

随年龄增长，老年人夜间睡眠时间减少，入睡时间延长，睡眠中易醒且再次入睡较慢。影响老年人睡眠质量的生理因素主要有夜尿、过度疲劳和内分泌变化等。

2. 心理因素

多种心理社会因素会对老年人的睡眠质量产生影响。其中，对离退休后生活的不适应，离退休后经济来源减少、就医费用增加，给老年人造成很大的压力，是影响老年人睡眠质量的重要原因。婚姻状况正常、继续参加工作、有业余爱好和社会活动，有益于提高老年人的睡眠质量。人际关系紧张、孤独感较强、社会支持度低、对生活不满意的老年人睡眠质量较差。

3. 病理因素

疾病是影响老年人睡眠质量的重要因素，几乎所有的疾病都会影响人的睡眠形态。老年人机体功能下降，容易患有多种疾病。躯体疾病造成的疼痛、不适、恶心、发热、心悸、尿频等都会对睡眠质量产生影响。如脑血管疾病、阿尔茨海默病、糖尿病、冠心病、肿瘤、泌尿系统疾病和肺气肿等都会导致老年人睡眠紊乱。此外，各种精神疾病均可导致睡眠障碍，如抑郁症、焦虑症、精神分裂症等。

4. 药物因素

老年人常会有多种疾病，需要长期进行药物治疗，许多药物会对睡眠产生影响。如镇静催眠药，短期可促进睡眠，若长期服用，机体会对药物产生耐受性，一旦停药，会引起一系列精神和躯体症状，如兴奋、不安、失眠等，加重原有的睡眠障碍。

5. 食物因素

有些食物具有催眠作用，比如豆类、乳制品、肉类等含 L- 色氨酸较多的食物，能够缩短入睡时间，有助于老年人进入睡眠。浓茶、咖啡等含有咖啡因，能够刺激神经，使人兴奋、难以入睡，即使入睡也易中途醒来，因此睡前 4~5 小时最好不要饮用。

6. 环境因素

当环境发生改变时，睡眠也会受到影响。新的环境可能会对老年人睡眠产生较为严重的影响。此外，环境中的通风、温度、噪音、光线等也都会影响睡眠，如习惯关灯睡眠的人在有灯光的情况下会入睡困难。

7. 个人习惯

睡前的不良习惯会影响老年人睡眠质量，比如睡前打扫卧室卫生、抽烟、进行剧烈运动、饮水过多、进食过度、观看恐怖电影、情绪发生剧烈变化等。此外，午睡时间太长也会影响老年人夜间的正常睡眠。而睡前泡脚等习惯，则有利于改善睡眠状况。

第 **25** 问　什么是失眠

　　失眠症是睡眠失调中最常见的一种，临床表现是入睡困难、睡眠中多醒或早醒、缺乏睡眠感。失眠可引起焦虑、抑郁，或恐惧心理，并导致精神活动效率下降，妨碍社会功能。失眠是老年人的常见病。有关资料显示，45%以上的老年人有不同程度的失眠症。如果短时间内失眠，会产生体乏无力、头晕目眩、腰酸耳鸣、心慌气短等症状；如果长期睡眠不足，会导致自身的情绪不安、忧虑焦急、免疫力降低，甚至引发各种疾病，如神经衰弱、卒中、高血压等，甚至猝死，给老年人的身心健康带来严重的伤害。根据世界卫生组织提出的精神与行为障碍分类，非器质性失眠症的诊断要点包括以下四个方面：

　　（1）主诉为入睡困难、维持睡眠困难或睡眠质量差。

　　（2）这种睡眠紊乱每周至少发生 3 次，并持续 1 个月以上。

　　（3）日夜专注于失眠，过分担心失眠所带来的不良后果。

　　（4）睡眠量和（或）质的不满意引起了明显的苦恼

或影响了社会及职业功能。根据表现可将失眠分为以下两种类型：

① 起始睡眠差：即入睡困难，到后半夜将近天亮时才睡着。大多由生活紧张、忧虑、焦急和恐惧引起。

② 终点睡眠差：即入睡无困难，但持续时间不长，后半夜觉醒后便不能再行入睡。是高年龄的必然现象，常在高血压和血管硬化症中发生，患有精神忧郁症者常有此种失眠发生。

第26问　如何评估老年人的睡眠

睡眠日记监测是最实用、经济和应用最广泛的睡眠评估方法之一，通过追踪老年人较长时间内睡眠模式，能够更准确地了解老年人的睡眠情况。自认为失眠的老年人，在起床后30分钟内，尽可能尝试记录昨晚睡眠的情况，以及白天是否嗜睡等，主要需回答如下问题：

（1）晚上上床时间？上床熄灯后多久才入睡？

（2）一星期有多少次发生入睡困难？

（3）入睡后是否经常觉醒或惊醒？

（4）一个晚上醒来几次？能否很快再入睡，或多久时间才能再入睡？

（5）有无多梦或出现噩梦？是否认为这是引起失眠的主要原因？

（6）清晨什么时间醒过来？醒过来后能再入睡吗？多久才能再入睡？

（7）整晚总睡眠时间有多久？

（8）是否打鼾？

（9）白天是否嗜睡或人有不舒服的感觉？

（10）醒过来后，何时离开床铺？

（11）与上周比较，昨晚睡得如何？

（12）醒过来后，感觉是否睡得充足？精神是否饱满？白天是否小睡或打瞌睡？时间是多久？

（13）是否使用烟、酒、茶、咖啡、可乐及兴奋剂？注明服用时间与剂量多少。

第27问　老年人失眠如何护理

护理人员收集老年人的睡眠资料，对老年人进行睡眠评估后，应针对老年人睡眠中出现的问题，进行有针对性的护理，从而保证老年人获得良好的睡眠。

1. 创造舒适的睡眠环境

通过调节室内的空气、温度、湿度、光线和声音，从而为老年人提供舒适、安静、光线暗淡的睡眠环境。

（1）调节室内温、湿度：一般夏季适宜的温度为25~28℃，冬季为18~22℃，相对湿度50%~60%。

（2）调节光线：强光会通过视网膜、视神经刺激大脑引起兴奋，从而使人感到心神不安，难以入睡。因此，床铺宜设在室中幽暗的角落，或以屏风或隔窗与活动场所隔开。卧室内选择深色窗帘，睡前拉上窗帘，关闭照明灯，可根据需要打开洗手间灯，避免光线直接照射老年人眼部而影响睡眠。

（3）保持环境安静：噪音对睡眠质量的影响非常大。有关专家指出，当外界噪音超过40分贝时，睡眠就会受到影响。嘈杂的环境，使人心情无法宁静而难以入眠。减少门窗、桌椅等的撞击声，必要时在门和椅脚上钉上橡胶。合理安排护理时间，护理工作应尽量安排在白天，避开老年人睡眠时间。在护理过程中，护理人员尽量做到"四轻"，即说话轻、走路轻、开关门轻、操作轻。

（4）保持室内空气流通和新鲜：卧室白天应保证阳

光充足，空气流通，迅速处理发出异味的东西，如尿、便、呕吐物等应及时清除，便器、痰盂等要及时清洗，保持室内空气的清新。开窗通风时应适量为老年人添加衣服，避免对流风，防止受凉。

（5）适宜的床铺和寝具：床的长度一定要超过老年人身高 20~30cm，宽度要比老年人宽 30~40cm 为宜。比较适合老年人的床铺以平板床最好，上面再铺以 10cm 厚的棉垫，适合老年人安眠。枕头宽度为 15~20cm、高度为 6~8cm 为宜。枕头过高，无论是仰卧还是侧卧，都会使颈椎的正常生理曲度改变，易引起"落枕"。枕头过低，脑部血液增多。使头部血管充血，头部有发胀的感觉。枕头内的充填物以质地柔软、重量轻、透气性能好为佳。

2. 稳定老年人情绪

睡前应调节老年人的思想和情绪，使老年人做到无忧无虑，情绪稳定。护理人员应密切观察老年人的情绪变化，通过与他们交谈、倾听诉说等方法，对老年人进行心理疏导，消除他们的心理障碍。通过与老年人共同分析对睡眠不利的因素，提出相应措施，转移老年人对失眠的注意力，切忌让他们长时间沉浸在不良情绪中。此外，鼓励老年人多与周围人进行交流，鼓励家属多关心老年人，让老年人获得良好的家庭和社会支持，从而缓解他们的心理压力，使其获得良好的睡眠。

3. 指导老年人采用多种方法促进睡眠

（1）条件允许的情况下，进行适当的小强度体育锻炼，如练气功、饭后或睡前散步、打太极拳、慢跑等，但睡前一小时应停止剧烈运动。

（2）采取音乐疗法。当老年人无法入睡时，给他们听一些旋律优美、节奏舒缓的音乐，有助于消除紧张、焦虑，转移其注意力，帮助其入眠。帮助失眠老年人选择曲目时候，要尽量选择熟悉的、舒缓的、优雅细腻的乐曲，如《催眠曲》《摇篮曲》《月夜》《良宵》《梅花三弄》《高山流水》《阳关三叠》《小城故事》《海滨故事》《江南好》等。

（3）给予放松按摩。温和地按摩老年人的面部、肩、颈、背、腰、下肢等部位的肌肉，使其放松，有助于促进睡眠。

（4）养成良好的睡前习惯，如睡前进行热水泡脚、温水沐浴等，加速血液循环促进睡眠。

4. 睡醒后的护理

睡醒之后，可指导老年人做一些伸腰、展臂、伸腿之类的身体舒展活动，做深呼吸，使肺部活跃起来，血液循环加速，使人感觉神清气爽。起床后鼓励或者帮助老年人改变卧位，由侧卧位改为仰卧位，四肢伸展后会感觉身心舒畅、精力充沛。

第28问　老年人失眠如何用药物治疗

当其他促进睡眠的方法无效时，医护人员应遵医嘱给予老年人口服安眠药物治疗。应密切观察老年人的用药反应及安全问题，并避免长时间使用安眠药产生耐药性。医护人员应在老年人睡前上床后协助其服药，避免药物提前发挥作用，造成摔伤等意外。

注意药物的不良反应：许多药物会引起嗜睡的症状，如某些降压药物、利尿剂等，服药时应仔细阅读说明书，了解并注意观察药物的不良反应。

第29问　睡眠过多有哪些危害

睡眠过多的危害如下。

1. 身体虚弱

人休息时心脏处于休息状态，心跳、收缩力、排血量下降。如果长时间睡眠，就会破坏心脏休息和运动的规律，心脏一歇再歇，最终使心脏收缩乏力，稍一活动便心跳不一、心慌乏力、疲惫不堪，只好再躺下形成恶性循环，导致身体虚弱。

2. 易患呼吸道疾病

卧室中早晨空气最污浊，即使虚掩窗户还是有部分空气未流通。不洁的空气中含有大量细菌、病毒、二氧化碳和尘埃，对呼吸道抗病能力有影响。因此，闭门贪睡的人经常会感冒、咳嗽、嗓子疼。

3. 肢体疲乏无力

经一夜休息后，肌肉和关节松弛。活动可使肌张力增加，还可使肌肉的血液供应增加，使骨骼、肌肉组织处于修复状态，同时将夜间堆积在肌肉中的代谢产物消除，有利于肌肉组织恢复运动状态。睡眠过多者，起床后容易感到腿软、腰骶部不适，周身无力。此外，睡眠过多还会打乱消化液分泌规律，影响消化功能，使神经中枢长时间处于抑制状态，醒后容易感到昏昏沉沉，无精打采。

第30问 睡眠过多的照护措施有哪些

1. 饮食照护

膳食平衡、少食多餐、补充足够的水分。低血压是造成老年人特别是老年女性感觉疲劳、昏昏欲睡的重要因素。每天补充足够的水分，有助于改善睡眠过多的症状。进食苦味食物：苦味食物具有抗菌消炎、清热解暑、提神醒脑、消除疲劳等多种功能。嗜睡、容易困倦的老年人，可酌量选用苦瓜、苦菜、马齿苋等苦味食物。

2. 运动锻炼

运动可有效地改善人体的生理功能，使代谢加快，加速体内血液循环，增加大脑的供氧量。条件允许的情况下，老年人可进行适当的运动锻炼，比如大步走、游泳、太极拳等。运动应选择适宜的时间、运动方式和强度，睡前一小时应停止剧烈运动。

3. 起居照护

保持生活规律，早睡早起，定时作息。

生活充实，保持情绪稳定也是改善老年人嗜睡的方法之一。

扫码阅读PPT

第四章

服药保健十问

第 **31** 问 老年人如何合理用药

　　随着年龄的增长，老年人机体的各组织器官及生理功能会逐渐出现退行性改变，导致老年群体的患病率增加。用药的种类和数量增加，再加上保健品的使用，也使老年人在保健及治疗中发生药物不良反应的概率增加。老年人药物不良反应的特点是发生率高，程度和后果较严重。因此，老年人合理安全用药非常重要。

　　老年人发生用药不良反应高的相关因素如下。

　　（1）老年人因肝、肾功能减退，药物的肝代谢或肾排泄减慢，血药浓度升高，容易发生药物不良反应。

　　（2）老年人对中枢神经系统药物、抗凝药、利尿药及降压药物的敏感性增高，对这些药物的反应会比年轻人强烈，导致药物在正常剂量下的不良反应增加，甚至出现某些药源性疾病。

　　（3）老年患者安全用药常识相对缺乏，自我风险管理能力较弱。很多老年患者求医心切、用药依从性较差，容易出现不合理用药情况。

第 32 问　老年人用药的基本原则有哪些

国家药品监督管理局的相关文件中对老年人用药进行了指导。

1. 种类少

老年人生理功能降低、抵抗力下降，多药并用易引起不良反应。老年人用药时应尽量减少用药种类，一般合用药物不超过 4 种。

2. 剂量小

老年人因脏器功能减退，对药物的代谢能力下降，血药浓度偏高，用药剂量要适当减少，为年轻人的 1/2~2/3。

3. 遵医嘱

老年人可能因为记性差不能按时服药，或者视力差看不清药品说明书，而影响用药的依从性。因此老年人拿到药后应向医生询问用药的剂量、时间、疗程、注意事项等，并记录下来。

4. 防不适

老年人的肝肾功能有所减退，药物不良反应发生率增高。因此用药过程中需特别注意身体的各种不适症状，如有需要及时到医院就诊。

老年人用药"三注意"

1. 多重用药

由于老年人的疾病种类多、症状长期存在，而且很多人认为所有的症状都需要药物治疗，所以同时使用多种药物或使用超过实际需要用药的情况在老年人中普遍存在，但事实上，这种情况不仅会增加药物不良反应的风险，还可能给老年人的身体造成更大损害。

2. 用药不足

在预防或治疗疾病中，用药不足问题也较显著，用药不足可导致老年人机体功能受损，严重者甚至导致死亡。

3. 不按医嘱服药

40%~80% 的老年患者存在此类问题，帮助老年患者建立正确的服药观念，减少用药数量和服药次数，有助于提高用药依从性。使用分装药盒是解决此类问题的好方法。

第33问 老年人要不要服用保健品

目前市场上的保健品琳琅满目，有些打着各种旗号，声称可以治疗疾病，这就对很多久病不愈的患者产生了影响，使得很多人不仅丧失了钱财，还延误了病情，造成不可挽回的后果。

我国自2016年7月1日正式施行的《保健食品注册与备案管理办法》严格定义：保健食品是指声称具有特定保健功能或者以补充维生素、矿物质为目的的食品，即适合特定人群食用，具有调节机体功能，不以治疗疾病为目的，并且对人体不产生任何急性、亚急性或者慢性危害的食品。从这个定义中，我们可以很明确地了解到保健品不具有治疗疾病的功效，一些老年人想要通过保健品来治疗疾病的办法是不现实的。

当然，并不是所有的保健品都是有害的，有一些保健品能够补充人体内缺乏的营养元素，增强免疫力，利于身体的健康。

但是很多老年人同时伴有一些慢病，需要长期服用药物，这时候要注意所服用的药物成分是否与保健品成分相"冲突"，因此，不能自行滥用保健品，应遵循医生的指导使用。

第34问 老年人能不能用牛奶、咖啡、茶等送服药物

有些人喝茶的时候猛然想起该吃药了，拿着降压药物就用茶水送服；还有些人吃药的时候懒得去倒水，于是顺手拿起身旁的牛奶、果汁一并灌下……甚至有人吃药前后还喝酒……

这样做是有风险的。我们服用的药物，可能会与牛奶、果汁、咖啡、酒精发生相互作用，导致药效降低和不良反应的发生。

1. 热水

有些药物在高温热水中会发生物理或化学变化，失去生物活性，如胶囊制剂、益生菌类、酶类药物、维生素类、止咳糖浆类用超过30℃的热水送服会受到影响。

2. 咖啡、可乐

咖啡中含有大量咖啡因，与药物同服，可能刺激消化道，会兴奋中枢神经，或产生与药物相矛盾的作用，影响药效，甚至引发不良后果。抗生素、避孕药、退热止痛药、安眠药、精神类药物、甲状腺激素药、骨质疏松药、维生素类等药物会受到咖啡的影响。

可乐中也含有咖啡因，同样地，以上药物不要用可乐送服。喝含有咖啡因的饮料时，最好与服药前后间隔3小时。

3. 茶

茶尤其是浓茶中也含有咖啡因，同时还有鞣酸等物质，与含钙、铁等金属离子的药物，如多糖铁复合物、多酶片等发生反应，从而产生沉淀，会加重肠胃负担，甚至导致腹痛、腹泻。酶类药物、抗心律失常药、补铁剂、含生物碱成分的中成药也会受茶的影响。服药前后2小时内最好不要喝茶。

4. 牛奶

牛奶中富含钙离子，与药物发生反应过后，导致药物难以吸收，可能生成有害物质，加重胃肠负担，也会降低药效。抗菌药、强心药、降压药、补钙剂、补铁剂、抗帕金森药用牛奶送服会被影响。

5. 果汁

服下的药物，很多都需经过肝脏中的肝药酶代谢，从而排出体外。而果汁，特别是西柚（葡萄柚）含有呋喃香豆素汁，会抑制肝药酶活性，使得药物代谢减慢。这样一来，药物就会在体内达到较高的浓度，造成药物药效降低，或药效过度增强（50%~300%）导致不良反应。碱性药物、抗菌药物、调血脂药、降压药、抗焦虑药、抗肿瘤药、抗过敏药、抗心律失常药物、免疫抑制剂均不能与果汁或水果一起服用。不只是上述药物，其实大多数通过肝脏代谢的药物，都建议不要在服药期间大量饮用西柚汁或吃西柚水果。

6. 酒

头孢类药物可以产生与双硫仑相似的作用，也会抑制乙醛脱氢酶的活性，从而导致乙醛积累，产生中毒反应。头孢菌素类药物、尼立达唑类药物、其他抗菌药物、非甾体抗炎药、麻醉药、抗凝药物、抗肿瘤药物、精神类药物与酒会产生严重的后果，甚至用药后吃酒心巧克力、服用藿香正气水也可能发生双硫仑反应。

7. 清水

建议用清水送服药物。

第 35 问　老年人漏服药物怎么办

1. 根据遗忘选择是否补服

老年人忘记吃药，如果时间很短，可以马上补上，下次的药仍按原来时间服用，比如一天一次的药，过三四个小时后发现忘吃。一天两次的药，错过吃药时间一两个小时发现。一天三次的药，过一个小时发现，都可以及时补上。但如果时间很长，已接近下一次服药时间，就不要补了，下次药一定要按时服用。

2. 可以采用 1/2 补服原则

如果漏服的时间是在两次服药间隔的 1/2 以内，应该尽快补服。如果服药时间已经接近下一次服药时间，则不必补服，在下一次服药时按正常剂量用药即可。切不可在下次服药时加倍药量，以免造成严重的不良反应。例如降糖药加倍服用可引起低血糖，降压药加倍服用会导致低血压，都是有一定危险的。

另外，有很多老年人误认为"多吃几种药，病就好得快"，但事实并非如此。将多种药物一起吃是非常危险的。同时服用多种药物，如果没有明确各种药的成分，可能导致重复用药，引起药物中毒。比如同时服用多种感冒药造成对乙酰氨基酚过量，会导致严重的肝损伤。另外，同时服用多种药物还会造成药物相互作用的风险增加，不仅会影响药效，还可能给患者带来危害。

第36问 医嘱为什么让老年人"必要时服用"

"必要时服用"是比较灵活的服药方法，用药目的就是缓解症状，如疼痛、心绞痛、反酸等症状，老年人看到这样的服药方法一定要向医生咨询清楚，用药目的是什么，出现什么症状的时候服用，服用剂量和服用时间。"必要时服用"的药物不需长期规律服用，如果长期服用可能会增加药物的不良反应，对身体造成损害。

按时、按量服药能够有效地控制病情，预防并发症的发生，因此，尽可能做到规律服药，避免漏服药物的情况发生。

1. 设定闹钟

充分利用电子设备提醒用药。例如，糖尿病、高血压患者可在手机上设定用药时间，并把注意事项写在备忘录中，这样，闹钟一响，就知道到时间服药了。

2. 用小药盒

可以买个分类药盒，这种分类盒，主要分为一周或一个月用量两种，即分别有 7 个或 31 个小格，早、中、晚用不同的颜色分开。家人可以协助老年人将每天要吃的药物按量分类放好，还可以画个表格，用颜色鲜艳的笔注明日期和药名，以及服药的时间，每吃一次药，就在相应的位置打上钩。这样，吃没吃药、吃过几次就一目了然了，避免忘了吃或者重复吃。

服药较多者可用不同颜色的药盒将药物分类，将需要一起服的药装在同一颜色的药盒中。长期服药者可在药盒外贴上写有药名的标签，避免漏服。维生素、硝酸甘油等容易被氧化的药物，宜用原包装妥善保存，不宜提前拆开装入药盒内，否则容易变质。

第38问 别人的药能不能照服

切忌跟风吃药，每个人的身体情况是不同的，存在基础水平、个人体质和疾病病情的差异，如跟风用药，可能因错误用药而掩盖病症进而延误治疗，严重则会损害身体。

有些老年人听说阿司匹林可以防治心脑血管疾病，预防脑卒中、心肌梗死等，便自行去药店购买服用，服用一个月后发现拉黑便，原来是胃出血了。

阿司匹林最常见的不良反应是胃肠道症状，长期使用容易导致胃黏膜损伤，引起胃溃疡及胃出血。所以在长期服用阿司匹林之前，必须征求医生或药师意见，经常监测血象，进行大便潜血试验及胃镜检查。

若想参考他人的用药经验，最好先咨询医生或药师，在专业的指导下合理、对症用药。

第**39**问　担心药物不良反应，可以自行停药吗

　　有些患者长期服用药物，担心会增加不良反应发生率；有些患者在自我感觉病情好转或者症状减轻后就马上停止服药，不按照医嘱正确用药。

　　而药物治疗需要一定的疗程，自行停药容易导致病情反复甚至加重，危及生命。应咨询医生或在药师的指导下逐渐减量、停药、换药或更改治疗方案，避免直接骤然停药引发严重后果。尤其是感染性疾病，要有足够疗程，才能彻底控制感染，疗程不够或会转为慢性感染。有些慢病如高血压、糖尿病等要终身服药，不能随意停药，患者依从性较差的情况下，不规律服药，容易导致病情反复甚至加重，危及生命。

第**40**问　秘方、偏方都能治病吗

　　很多慢病患者或者患有难以治愈疾病者，在听到一些小道消息，有偏方治好患有类似疾病的人时，就会想要去尝试。但这不仅可能延误病情，也有可能起反作用，让病情更加恶化。

偏方，通常是指那些组方简单、药味不多、易于就地取材、对某些疾病具有特殊疗效的方剂。这些方子也经常被称为土方、便方、验方等，在使用这些偏方治疗疾病时务必慎重。有些流传下来的偏方确实有疗效，但有些偏方却是江湖游医行骗的幌子。盲目使用偏方不仅浪费时间和金钱，还可能会延误病情的治疗时机，损害患者的健康。

扫码阅读 PPT

第五章

看病就医十问

第41问　老年人就诊前应做哪些准备

医院里经常会出现这样一幕：步履艰难的老年人，焦急地等在排队挂号的队伍后面，不敢休息，休息就又要往后排了，可是不休息吧，又有点支撑不住了；挂号的时候身份证、社保卡等重要证件遗漏导致挂不上号；看诊时，无法准确回答医生的提问……老年人看病难是各地政府都重视的重要问题。鉴于老年人多会出现记忆力减退的现象，建议老年人到医院看病前一定要做好以下各项准备。

1. 带全证件

身份证、医保卡、就诊卡是患者看病就诊的重要身份识别工具；病例资料、检查单等是患者看病就诊和医生诊断患者病情的重要依据。建议老年人在就诊前一天将这些证件和银行卡、现金等放在一个文件袋内，以便看病时拿起就走。新冠肺炎疫情期间，多家医院要求就诊患者提供健康码、行程码、核酸阴性报告等材料，部分老年人没有智能手机或不会使用智能手机，因此，老年患者在就医前可求助家属、子女或其他人将上述健康码、行程码和核酸报告打印出来，与身份证、医保卡、就诊卡等放在一起，方便就医时提供。

老年生活百问百答

2. 提前预约

预约就诊是近几年政府医疗改革的措施之一，目的是方便人民群众就医，从而缓解看病难的状况。预约就诊的好处，一是患者可以通过多种途径了解医院提供的门诊各专业科室的预约号数量及各级医师出诊情况，按照自己的就医需求来选择医院、科室、普通门诊或专家门诊看病；二是医生为需要复诊的患者预约复诊时间，加强医生对患者的管理；三是普通门诊医生可直接为患有疑难疾病者预约专家门诊，缓解了此类患者就医难的问题。现在大多数医院都提供预约就诊，预约就诊的主要途径是电话和网络预约。部分医院还可以通过门诊预约挂号窗口，老年人可通过上述途径进行预约，在预约成功后，按约定的就诊日期和就诊时间段前往医院就诊，可有效减少老年人在医院滞留的时间。

医院门诊号预约方法

1. 电话预约热线。
2. 手机客户端预约：手机下载医院 App，或微信关注医院公众号。
3. 网络预约：登陆医院网站预约。
4. 互联网医院：搜索医院小程序选择"线下就诊"进行预约挂号。
5. 诊间预约：对当次就诊的患者，由门诊医生根据病情提供预约。
6. 出院预约：患者出院时可由病区主管医生根据复诊需求进行预约。
7. 自助挂号机预约：携带有二代居民身份证、医保卡的患者可以在医院自助机上进行预约。
8. 现场预约：门诊一楼预约窗口预约。

---

3. 做好记录

老年人可准备一个笔记本，随时记录一些不舒服的感觉，比如：发热、咳嗽、心前区不适、胃痛、关节痛等；记录不舒服出现的时间，持续了多长时间，自己在家服用过什么药物，服药后有什么不良反应，此次就诊最想与医生交流或咨询的问题是什么等，避免在向医生叙述病情时有所遗漏。

> **病情记录本**
>
> 3.17 早餐前胰岛素 6u，早餐馒头 1 个，鸡蛋 1 个，牛奶 1 杯，餐后血糖 4.6
> 3.18 早餐前胰岛素 6u，早餐鸡蛋 1 个，牛奶 1 杯，餐后血糖 4.3
> 3.19 早餐前胰岛素 6u，早餐鸡蛋灌饼 1 个，牛奶 1 杯，餐后血糖 6.3
>
> ……

4. 准备检查

准备做抽血化验或腹部超声检查的，就诊前 8 小时停止进食及饮水。老年人，尤其是患有糖尿病的老年人，在空腹抽完血后要吃一些食物，及时进食可避免低血糖发生。另外，抽血当天不要穿过小、过紧的衣服，避免衣袖过紧，造成手臂血管受压出现血肿。

第42问 老年人在医院就诊需要注意些什么

1. 了解各家医院的就诊流程

各家医院的就诊流程大同小异，对于首次去医院就诊的老年人，可先电话咨询或请家属代为咨询就诊医院的流程，一般包括以下几个步骤。

（1）挂号/取号。门诊一般提供多种挂号途径：① 门诊挂号窗口挂号；② 门诊内自助挂号机挂号；③ 电话、网络平台预约挂号；④ 银行自助挂号（部分医院开通此挂号途径）。通过电话、网络等方式预约挂号的患者到达医院后可在门诊窗口或自助挂号机取号，大多数医院门诊挂号处都有志愿者引导服务，老年患者在操作中遇到问题时可咨询相关人员。

（2）候诊：按照挂号单上建议的就诊时间段，到就诊科室的候诊区内刷卡或扫码等候。

（3）就诊：当候诊区内的电子叫号系统，叫到您的就诊序号及姓名时，请携带好自己的随身物品，按照电子滚动屏上显示的诊室就诊。

（4）缴费：医生开具检查、治疗或药物时，患者需携带收费单至收费窗口缴费。

（5）检查、治疗、取药：如果是在收费窗口缴费的，缴费后请到相应的科室做检查、治疗，到药房（西药房、中药房）取药。

（6）复诊：当天能出检查报告单的，如心电图，胸透，血、尿、便常规，血液急查项目等，在拿到报告单后，到原诊室刷卡后再就诊。

（7）预约复诊时间：就诊完毕后，医生根据您的病情会与您预约下次就诊的时间。

2. 正确叙述自己的病情

当老年人进入诊室就诊时，面对初次接诊的医生，如何正确叙述自己的病情是件很重要的事情。现将一些注意事项告知如下：

（1）进入诊室后，首先告诉医生您的姓名、年龄，然后将您的病历资料交给医生。医生通过查看资料对您以往的病情能有一个初步了解。

（2）与医生交流时，尽可能由您本人来叙述病情，如本人叙述不清楚的，可以由最熟悉病情的家属代述。

（3）要充分相信医生，医生是可以帮助您解除病痛的人，要积极配合医生，如实回答医生问诊，不能隐瞒病情，以免影响医生对您病情的判断。

（4）在与医生沟通时，要尽可能详细地叙述病情，告诉医生您感觉最明显的不舒服是什么，具体部位、开始出现时间、持续时间。告诉医生发病时的情况，包括发病时间、地点、环境、发病缓急、症状及其严重程度。与发病有关的因素，如感冒、感染、外伤、情绪、气候、地理、生活环境、起居饮食改变等。还要向医生叙述以往身体健康情况，是否患有糖尿病、高血压、心脏病等；是否做过手术，做过什么手术；家庭内有无其他成员中患类似疾病；曾经对什么药物过敏；目前的用药情况等。

3. 配合医生进行相关的检查及治疗

老年人在门诊做检查及治疗时该如何配合医生呢？这是每个老年人在看病过程中都会遇到的问题，具体注意事项如下。

（1）抽血化验检查。

多数检查项目都要求空腹抽血，因为进食后血液中的许多化学成分会发生变化，导致无法获得准确的检测值。例如，吃高脂肪食物会使甘油三酯显著增加数倍；在两小时内吃高糖食物，血糖会迅速上升。而当禁食时间持续了十几个小时后，身体的各种物质都达到了相对稳定和平衡，食物因素对血液的成分没有太多影响，此时血液可以保证相对稳定、准确的结果。同时，许多因素如锻炼、工作可以使一些测试指标波动，妨碍测试结果的准确性，而人们早上锻炼通常比较少，不会对检查结果有太大影响。因此，对于第二天需要就诊的患者而言，就诊前一天晚上8点后应禁食，同时避免大量饮酒和进食高脂肪的食物；就诊前一天晚上保证足够的睡眠，晨起后不做剧烈的运动。抽血之前，保持平静状态，就诊当天不要穿紧身袖口和太小的衣服。否则，袖口太紧，会导致抽血时袖子不能卷起，或者止血后仍引起手臂出血。抽血后，立即释放拳头并按压针孔处3~5分钟，同时放松衣袖以帮助止血。不要擦拭穿刺部位，以免导致局部充血产生瘀青，不要触碰穿刺部位，以免感染。皮下充血会被身体慢慢吸收，大约需要2周时间。空腹抽完血后要吃一些食物，尤其是糖尿病患者，及时进食可避免低血糖发生。

（2）输液治疗。

在门诊输液治疗时，要积极配合护士工作。按预约时间到输液室进行输液治疗。如有特殊情况不能按时来输液时，要提前打电话通知输液室的护士。输液时，护士已调节好了输液速度，在输液过程中不要随意调节输液速度，避免发生危险。在输液过程中如感到不舒服，如心慌、憋气、皮肤瘙痒、输液局部肿胀或疼痛等，立即按呼叫器。输液完毕拔针后，按护士交待的方法按压穿刺点，不要揉，避免局部瘀青。

（3）超声检查。

做超声检查前，医生会告知患者超声检查的目的、意义及有关注意事项，请按医嘱做好各种准备。如：腹部超声检查前一天应吃清淡、不油腻的食物，晚饭后不进食，检查当天空腹。检查过程中要配合医生摆好体位，听从医生嘱咐做好配合动作，比如吸气、憋气、呼气等动作，目的是使超声影像更加清晰。特别要注意的是空腹做完超声检查后要吃一些食物，糖尿病患者及时进食可避免低血糖发生。

（4）影像检查。

按预约时间准时到影像科检查室候检，检查时需脱摘含有金属物品，如发夹、耳环、项链、首饰、钱币、皮带、钥匙和手机等。检查过程中需配合医生摆好体位。体弱老年人检查时须有家属陪伴，以免在检查过程中发生意外。检查后带好随身物品，按照医生告诉的时间、地点领取检查报告。

国务院办公厅转发《关于推进医疗卫生与养老服务相结合的指导意见》提出，医疗机构为高龄、失能等老年人开设就医绿色通道，为老年人挂号、就诊、转诊、取药、交费、综合诊疗等提供便利服务，对于具体细节老年人就医时可在就医现场咨询工作人员。

第43问 患有慢病的老年人如何就医

1. 患有高血压的老年人如何就医

（1）定期复查。

老年人高血压是指血压持续或 3 次以上非同日收缩压高于 140 mmHg 和（或）舒张压高于 90 mmHg。若收缩压高于 140 mmHg，舒张压低于 90 mmHg，则定义为老年单纯收缩期高血压。老年人发现自己血压升高，应及时到社区医院或上级医院进一步检查确诊。那么当老年人确诊高血压后应如何就诊呢？首先，医生会对高血压患者进行危险分层，包括全面询问患者病史、体格检查及相关辅助检查（主要包括血脂、血糖、电解质、肌酐、尿酸、尿常规、心电图等），找出心血管事件的危险因素、高血压对靶器官损害情况及并发疾病。危险分层的好处是能够预测患者未来 10 年内发生危及生命的心脑血管疾病或由此导致死亡的概率，危险程度越高，概率越高，同时还能通过危险分层对高血压患者进一步细分，为个体化治疗提供依据，帮助老年人了解自己的病情，更好地配合治疗。低危、中危患者，首先要调整生活方式，同时监测1~3个月血压，看血压能否降至正常，再考虑进行药物治疗；高危、极高危患者，在调整生活方式治疗的同时，开始服用降压药物治疗，并随病情变化随时调整，需要长期服药。所以高血压患者每月让别人代取药是不合适的，老年高血压患者应当记录每日血压情况，以供医生参考，随时调整用药情况。

（2）并发症监测。

高血压是冠心病的独立危险因素，特别是在冠心病高发季节；高血压患者常有代谢综合征的表现：胰岛素抵抗、中心性肥胖及血脂异常。这些老年人更容易发展成为糖尿病。与高血糖一样，高血压也是糖尿病心血管和微血管并发症的重要危险因素；肾脏是血压调节的重要器官，同时又是高血压损害的主要靶器官之一，原发高血压可导致肾小动脉硬化，肾功能损害；另一方面在原发或继发性肾实质性疾病中，出现肾性高血压者可达80%~90%，是继发高血压的主要原因。因此，患有高血压的老年人要密切注意早晚血压变化，在医师的指导下合理选择降压药，每周检查血压1~2次，确保血压达标。视病情需要，定期检查肾功能、尿蛋白、血脂、血糖、眼底等。

2. 患有糖尿病的老年人如何就医

糖尿病是一种代谢性疾病，以高血糖为特征，主要表现为多食易饥、口渴多饮、体重下降、乏力等症状。我国糖尿病的诊断标准是，具有糖尿病症状（多饮、多尿和不明原因的体重下降）加上随机血糖（不考虑用餐时间，一天中任意时间）高于 11.1 mmol/L 或空腹血糖（空腹 8 小时及以上）高于 7.0 mmol/L 或餐后 2 小时（从进食第一口饭开始 2 小时）血糖高于 11.1 mmol/L。如患者没有相应的症状，而化验结果达到上述指标，应当在另一天重复检查，如果均达到诊断标准，就可以诊断为糖尿病了。

（1）维持血糖达标。

糖尿病老年患者血糖的控制目标与年轻人有所不同，随着年龄增长，合并症增多，严格的血糖控制并不能减少心血管事件发生，因此需要为老年人制定适合的血糖控制目标。老年人应该定期对血糖进行规范监测，在就诊前将自己的监测记录和饮食记录准备好，到内分泌专科医生处与医生进行沟通，医生会根据血糖、饮食情况给予指导并调整治疗方案。对于一些血糖很高，经过门诊多次调整仍不能达标，或病程较长，口服降糖药物失效，需要胰岛素治疗的患者，应当住院进行药物调整。糖尿病老年患者切不可在不进行餐后血糖监测或没有医生指导的情况下，自己更改治疗方案，因为这可能会导致老年人出现低血糖，甚至出现生命危险。

（2）并发症监测。

糖尿病是一种常见慢性疾病，引发的并发症较多，涉及身体系统较为广泛，高血糖加速动脉粥样硬化，触发心脑血管疾病，约 3/4 的 2 型糖尿病患者死于心、脑血管疾病，是 2 型糖尿病患者第一位死亡原因。糖尿病肾病是糖尿病患者出现了肾脏损害，糖尿病肾病的老年人主要表现为尿液出现蛋白，肾功能下降，最终结局是尿毒症。因此，糖尿病老年患者应定期到有条件的三级或二级医院进行相关并发症检查，以明确有无并发症存在，发现问题及时给予治疗。如糖尿病合并肾病老年患者应定期复查尿蛋白及肾功能，每年测定一次蛋白尿状况，每 6 个月测定一次血清肌酐或尿素。

糖尿病足是糖尿病患者特有的临床表现，是糖尿病严重的血管并发症之一，也是糖尿病患者致残、致死的重要原因。多发生于年龄较大、病程长而病情控制不佳的患者。糖尿病足的症状多表现为双脚麻木、发凉、感觉迟钝、易受伤、浅表伤口不易愈合等。发展至一定阶段，糖尿病患者因神经末梢功能下降和血管病变使局部防御能力进一步减弱，往往在不知不觉中导致足部创伤。糖尿病眼病包括糖尿病视网膜病变、白内障、眼睛屈光改变、青光眼、眼部神经病变等，很多老年人怕麻烦，不愿意去眼科长期随访。但糖尿病眼病患者需长期随访，因为病变不是静止的，而是进行性的。糖尿病视网膜病变早期，症状常不典型。单眼患病时常不易察觉出来，因此糖尿病确诊后应在眼科医生处进行定期随诊，合并视网膜病变者应每半年到一年随访一次。

3. 患有慢阻肺的老年人如何就医

慢阻肺即慢性阻塞性肺疾病，是一种常见的、以持续气流受限为特征的、可以预防和治疗的疾病，气流受限进行性发展，与气道和肺对有毒颗粒或气体的慢性炎症反应增强有关。发病最常见的原因有吸烟、支气管哮喘、环境污染、职业因素、有机燃料以及个体差异等。主要症状为咳嗽、咳痰、喘憋和呼吸困难，慢阻肺严重危害患者的身体健康和生命安全。当患者具有以上病史，出现咳嗽、咳痰、呼吸困难等症状时，应及时就诊。

当患者出现上述症状时，不要紧张，可先到社区医院就诊，向医生详细说明症状和以往的工作情况、吸烟情况等，做一个肺功能检查就可明确诊断是否患有慢性阻塞性肺病以及疾病严重程度。当然，进行胸部 CT 检查也十分必要，这有助于了解肺部的病变情况，如是否有肺气肿、肺大疱、肺纤维化，是否合并感染等，制订针对性治疗方案。当患者出现严重肺部感染，呼吸困难，血气分析检查提示出现呼吸衰竭，经过社区医生治疗病情未见好转者，应积极到三级医院治疗。

第44问　老年人健康体检应注意什么

1. 体检频率

老年人各器官系统功能逐渐减退，常见的心脑血管疾病、恶性肿瘤等发病率会上升，所以每年做一次全面体检非常重要。老年人体检时主要关注两个方面：其一是心脑血管方面的检测，其二是肿瘤方面的检测。对于心脑血管方面的检测要看体检者是不是高危人群，如果是高危人群，那么每年至少要做一次体检；对于肿瘤的检测，如果本身就是高危人群，根据老年人有哪些高危因素，如长期吸烟，或者有消化系统的长期慢性疾病，那么根据这些高危因素来决定要做哪些方面的肿瘤筛查，每年至少一次，而有些高危因素可能要半年体检一次。

2.体检内容

无病史的老年人体检包括血、尿、便常规检查，肝功能、肾功能检查，血脂、血糖的状态，肿瘤标志物检查，心电图检查，胸部平片，腹部肝、胆、胰、脾、肾彩超，眼科检查，听力检查，牙齿检查等。有糖尿病、原发性高血压、高脂血症等病史者，还需要针对这些疾病的并发症进行进一步检查，有高血压者建议查心脏彩超，有糖尿病者建议查糖化血红蛋白、尿微量白蛋白，进行眼底检查、足部皮肤和神经的评估，高脂血症者要检查颈部血管彩超，有三高病史者容易发生心脑血管疾病，必要时要检查冠状动脉CT血管成像、头部CT等。考虑到性别因素，男性应该查前列腺彩超，女性要加做乳腺彩超，还有宫颈癌的排查，甚至加上HPV病毒的检测。常见高发癌症应该依据个人生活史、家族史而定，可以检查的项目有肺癌，一般选做低剂量螺旋CT；胃肠道癌症一般要做胃肠镜的检查。

3.体检注意事项

（1）体检当天携带本人身份证。

（2）体检前2~3天清淡饮食，体检前1天不要饮酒。

（3）体检前2天不要进行剧烈活动，体检当天清晨不要晨练。

（4）体检前1天晚8点后禁食禁水，最好保证7~8小时睡眠时间，检查当日需行空腹抽血和B超检测。

（5）糖尿病、高血压、心脏病等慢性疾病患者，在检查时要向医生说明病情和正在服用的药物名称及携带药物备用。

（6）做妇科检查时应排空小便；做宫颈涂片的老年女性在检查前1天勿行阴道冲洗或使用栓塞。

（7）检查当天穿轻便服装和低跟软底鞋，勿穿有金属扣子的内衣、衣裤，勿戴金属首饰及其他贵重物品。

（8）做子宫、附件、膀胱、前列腺B超检查者，需憋尿至膀胱完全充盈状态再做检查（最好是不排晨尿，缩短憋尿时间）。

（9）体检当天按照现场工作人员的引导有顺序地进行各个项目的检查。

（10）体检结束后及时取回体检报告，根据体检结果选择相应的专科进行专项咨询。

1. 规律监测体重

目前国际上多用体重指数（BMI）来评估患者体重是否合理，以鉴别患者属于肥胖、消瘦或正常。体重指数的计算方法：BMI＝体重（kg）/身高（m）的平方。中国成年人体重指数：低于 18.5 为体重过轻，18.5~24 为正常，24~28 为超重，超过 28 为肥胖。对一些肌肉发达的患者单用 BMI 指标判断肥胖则不够准确，需要加测腰围。男性腰围超过 85cm，女性超过 80cm 为中心性肥胖或腹性肥胖。如体重指数正常，但腰围超标，也属肥胖。肥胖是糖尿病、高血压、高血脂、冠心病等多种疾病的高危因素，也是糖尿病微血管病变、大血管病变和肝胆疾病高危因素。体重的变化也是一些疾病的信号，如胃癌、食管癌患者早期会出现体重短期的大幅度下降；甲亢、糖尿病患者早期会出现饮食增加但体重下降。因此，老年患者应定期监测体重指数和腰围，以便于早期发现潜在的疾病，早期干预治疗。

2. 规律监测血压、血糖

老年人是糖尿病、高血压的高危人群，糖尿病、高血压又是多种心血管系统疾病的高危因素，但是糖尿病、高血压的早期临床症状不典型，老年患者自我感知敏感度低，因此会导致老年患者往往在糖尿病、高血压发展到一定阶段，甚至是发生脑梗死、脑出血等疾病时才被明确诊断，延误最佳治疗时间。现在大多社区医院定期会开展义诊活动，免费为社区老人测量血压、血糖，老年人可定期参加，监测身体健康。

3. 警惕脑卒中早期信号

脑卒中早期信号往往不被患者及家属所重视，导致病患没有及时送医，而延误最佳的治疗时机。因此认识脑卒中的早期症状尤为重要。

（1）眼睛突然发黑：单眼突然发黑，看不见东西，几秒钟或几十秒钟后便完全恢复正常，医学上称单眼一过性黑矇，是脑缺血引起视网膜缺血所致，是卒中的早期信号，有的伴反复发作的眩晕欲吐、视野缩小或复视。

（2）说话吐字不清：脑供血不足时，使人体运动功能神经失灵，常见症状之一是突然说话不灵或吐字不清，甚至不会说话，但持续时间短，最长不超过24小时，应引起重视，还有原因不明的口角歪斜或伸舌偏斜都要注意。

（3）头晕：老年人反复出现瞬间眩晕，突然自觉头晕目眩，视物旋转，几秒钟后便恢复常态，可能是短暂性脑缺血发作，是卒中的早期信号，应及早诊治，防止卒中发生。

（4）肢体麻木无力：老年人出现肢体麻木异常感觉，除颈椎病、糖尿病外，如伴有口唇发麻、舌麻、面麻等症状，或有高血压、高血脂、糖尿病或脑动脉硬化等疾病史时，应多加注意，警惕卒中发生，突然发病或单侧肢体乏力，站立不稳，很快缓解后又发作要当心。

（5）老年人不明原因跌倒：由于脑血管硬化，引起脑缺血，运动神经失灵，可产生共济失调与平衡障碍，而易发生跌倒。这也是一种卒中的早期信号。

（6）哈欠不断：如无疲倦、睡眠不足等原因，出现连续打哈欠。这可能是由于脑动脉硬化、缺血，引起脑组织慢性缺血缺氧表现，是卒中患者的早期信号。

（7）精神改变：如嗜睡，中老年人一旦出现原因不明困倦嗜睡现象，要高度重视，很可能是缺血性卒中早期信号。精神状态发生变化，性格一反常态，如变得沉默寡言，或多语急躁，或出现短暂智力衰退，均与脑缺血有关，可能是卒中的早期信号。

上述症状单独或多个出现时，考虑急性脑卒中，需要紧急拨打"120"电话，到有条件的医院及时就诊。

4. 身体自我评估

恶性肿瘤治疗效果欠佳，一个很重要的原因就是不能早期被发现，当患者出现明显症状时，往往已是疾病中晚期。如能早期发现，恶性肿瘤的治愈率会有很大提高。因此，老年人居家可对身体进行规律性自我监测，如果出现以下症状就要提高警惕了。

（1）身体皮肤或皮下出现肿块，并呈进行性增长；皮肤上出现久治不愈的溃疡；皮肤上黑痣突然长大、隆起、溃疡。

（2）原因不明的贫血、乏力、消瘦与低热。

（3）治疗无效的咳嗽、咳痰、胸痛、咯血。

（4）进行性的吞咽困难，进食后有哽咽感。

（5）唇、舌、外阴部出现经久不愈的白斑、溃疡或肿块。

（6）无明显原因的鼻涕带血，声音嘶哑。

（7）无痛性淋巴结肿大（如颈部、锁骨上、腋窝和腹股沟等）。

（8）上腹部疼痛、食欲减退、黑便、恶心、呕吐；原有胃病症状加重，疼痛规律改变，服药后症状不缓解。

（9）无痛性血尿。

（10）大便习惯和性状改变，腹泻、便秘持久不愈，大便变细、黏液便、脓血便等。

（11）女性阴道不规则流血或分泌恶臭液体。

（12）乳房短期内生长迅速肿块，局部皮肤呈"橘皮样"外观，乳头有血性分泌物。

一旦出现上述症状要及时就医，完善必要的辅助检查，只要做到早发现、早诊断、早治疗，恶性肿瘤可获得较好治疗效果。

第46问 老年人突然发病如何寻求帮助

老年人突然发病往往不分时间、地点和场合，那么，该如何寻求帮助呢？

1. 老年人在家中突然发病

老年人在家中突然出现剧烈头痛、眩晕、呕吐、呕血、咯血、心前区疼痛、口眼歪斜、偏瘫、跌倒、大小便失禁等急症之一时，家人应立即拨打"120"急救电话，在急救人员到达前，最好在发病原地等候，不要随意移动，否则可能会对老年人造成二次伤害。家人可根据老年人的突发症状做一些简单处理，如：有呕吐或咯血的，要及时清理呕吐物及血块，老年人平卧时将头偏向一侧，以免发生误吸及堵塞呼吸道；有明显外伤的，家人可进行简单的消毒止血；有明显心前区疼痛的，可以舌下含速效救心丸或硝酸甘油；突发呼吸心脏骤停的，家人可进行简单的心肺复苏，为抢救赢得宝贵的时间；同时将老年人以往看病的病历资料、正在服用的药物及身份证、社保卡、现金或银行卡准备好。急救车到达后，以就近就诊为原则，到离家最近的医院就诊。

2. 老年人在公共场所突然发病

老年人在公共场所突然发病，同时又无家人陪伴，神志尚清楚的老年人可自行或向他人求救拨打"120"急救电话，通话时一定要说清楚发病的地点、发病的表现，要在发病原地等待急救车到来，同时拨打老年人家属的电话，嘱咐家属携带老年人的身份证、社保卡、以往的病历资料等迅速赶往事发地点或指定医院。如发病地附近有医院，病情较轻的可在他人帮助下，及时到医院就诊，同时要通知家属及时到院陪护就诊。

3. 老年人在旅途中突然发病

老年人在旅途中（汽车、火车、轮船、飞机）突然发病时可向乘务人员求救，乘务人员将会根据发病老年人的情况，采取应急措施，将老年人的发病情况向旅客通报，请求旅客中的医务人员帮助，若是在汽车上，司机可将老年人送至离汽车最近的医院。

第47问 老年人发热如何处理

发热在人们日常生活中会经常出现，它往往是多种疾病，尤其是传染性疾病的首发症状。加利福尼亚大学的医学家们提出：当老年人发热或有功能状态的急骤变化时，必须尽快明确病因，尽早给予正确治疗。因为大量的临床观察发现，老年人患感染性疾病时，发热可不明显或不发热，因此易漏诊而延误治疗，从而使老年人发生并发症和死亡的概率均增高。老年人一旦出现发热，常提示有严重的感染。老年人发热的特点还在于：当老年人患心内膜炎、肺炎等疾病时，发热要比年轻人低，甚至有相当一部分急性胆囊炎、阑尾炎、胃肠穿孔的老年患者，体温低于37.5℃。患严重感染的老年人中，有20%~30%不发热或发热反应迟缓，这往往是预后较差的表现。老年人发热反应迟缓的详细机制尚不清楚，可能与年龄增长有关。

尽管健康老年人的平均最高体温及最低体温与年

轻人差别不大，但体弱老年人的基础体温低于健康年轻人。老年人的平均清晨口腔温度 36.7℃，肛门温度 37.3℃。老年人发热的定义是：口腔温度持续 37.2℃，肛门温度持续 37.5℃。不论用任何温度计在任何部位（如腋下）测量，只要温度比基础体温升高即表明有发热。不过应记住，老年人只要发现功能状态有急剧变化，不论有无发热，都要考虑可能存在急性感染。

1. 体温监测

对于人体正常体温这个问题要慎重对待，人体正常体温：口腔（舌下）温度为 36.2~37.3℃，腋下温度为 36.0~37.0℃，直肠内温度（肛温）为 36.5~37.5℃。体温的异常（口腔温度）：37.4~38℃ 为低热，38.1~39℃ 为中度发热，39.1~41℃ 为高热，41℃ 以上为超高热。

传统的体温表有口表和肛表两种，它们都由玻璃制成，其一端有水银，水银遇热上升的刻度就是体温度数，其中口表应用最多。测体温前，应看清水银柱是否在刻度以下。如不在，应用拇指、示指紧握体温表上端，手腕用力向下向外甩动，将水银柱甩到 35℃ 以下。测体温的部位通常选择腋下、口腔、肛门。

（1）腋下：此处测体温最为方便。使用口腔温度计进行测温，测量时将体温计放置于腋下，接触皮肤，

5~10分钟后取出读值。测量前请确保腋下无汗，将体温计放于腋下和身体平行的位置，手臂紧靠身体，以确保体温计被完全覆盖且不受空气影响，要注意将体温表的前段探头完全覆盖在腋下，否则体温测量会出现误差。需要注意的是，若老年人特别瘦弱，或老年人正在发热或有出汗，则不推荐使用腋温测量，因为在这种情况下测得的温度并不能准确反应老年人的真实状态。

　　注意：①出汗多时要先擦去腋窝部的汗水；②若为洗澡后，须隔20分钟才能测温；③体温表应紧贴皮肤，两者间不能夹有内衣或被单；④腋窝周围不应有影响温度的冷热物体，如热水、冰袋、开启着的电热毯等。

　　（2）口腔：将体温表的水银端置于舌下，闭紧口唇，但牙齿不要咬合。3分钟后取出。测量口腔温度时要注意，若老年人神志出现异常则不可使用此方法，防止老年人不慎将体温表咬碎而造成伤害。

　　注意：①如进食、饮水或吸烟，须隔半小时后测温；②寒冷季节从室外进屋，须隔15分钟；③如不慎咬破口表，应用清水漱口并吐出口腔内的碎玻璃及水银，也可口服牛奶或鸡蛋清。

　　（3）肛门：主要用于婴幼儿及昏迷患者。一般家中较少备有肛温计，若老年人无法配合测量口腔温度和腋下温度，那么使用肛温计测量体温前需要在体温计前端部分涂上水溶性润滑液（食用油、液体石蜡均可），再慢慢将水银端插入肛门内约 3 cm 深，3 分钟后取出，用软手纸将肛表擦净。

注意： 测温期间最好握住体温表的上端，以防脱落折断。有直肠、肛门疾病及腹泻者不宜采用肛门测温。

查看度数时，一手横拿体温表的上端，使表与眼平行，轻轻转动体温表，就可清晰地看到水银柱上升的度数。测毕后，体温表用冷水予以清洗，擦干后收存。

随着技术的进步，现在越来越多的家庭都会配置额温枪和耳温枪，这两种体温测量方法简单、快速、安全，且读值方法简单，适合老年人使用，使用额温枪枪头对准额头距离一般为 5~10cm，但额温枪受外周环境影响较大，不推荐发热老年人使用。使用耳温枪时要注意尽量在同一侧耳朵测量，侧卧一耳受压可能导致耳温偏高，睡觉后等一会儿再测温时一定要尽量深入耳道，让测温器能够看到耳膜，测出的温度才是准确的。

2. 及时就诊

为了做到对传染性疾病的早发现、早诊断、早治疗、早隔离，卫生行政部门从 2003 年开始加强了对发

热患者的筛查工作，做出了相关规定，体温在 37.5℃
以上发热患者，须先到医院发热门诊就诊，筛查是否患
有传染性疾病。医院发热门诊是专门对体温在 37.5℃
以上的发热患者进行传染性疾病筛查的门诊。发热患者
到发热门诊就诊时，首先要佩戴口罩，一方面是保护自
己，另一方面是保护他人；复测体温，以确定发热温
度，再进行相关检查。通过对发热患者进行筛查，确定
发热患者是否患有传染性疾病，如患有传染性疾病，应
就地隔离、治疗，如排除患有传染性疾病，发热门诊的
医生会将患者转至相应的专业科室，做进一步检查和
治疗。

第48问　跌倒后老年人如何起身

老年人跌倒后，若现场无其他人员，那么老年人要
学会自救，首先要学会如何在跌倒后依靠自身的力量起
身，进而获得更多帮助。

1. 跌倒后起身

（1）如果是背部先着地，应弯曲双腿，挪动臀部
到放有毯子或垫子的椅子或床铺旁，然后使自己较舒

适地平躺，盖好毯子，保持体温，如可能要向他人寻求帮助。

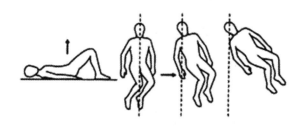

（2）休息片刻，等体力准备充分后，尽力使自己向椅子的方向翻转身体，使自己变成俯卧位。

（3）双手支撑地面，抬起臀部，弯曲膝关节，然后尽力使自己面向椅子跪立，双手扶住椅面。

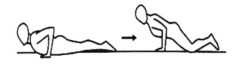

（4）以椅子为支撑，尽力站起来。

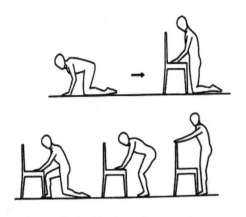

（5）休息片刻，部分恢复体力后，打电话寻求帮助——最重要的就是报告自己跌倒了。

2. 现场救助

老年人跌倒后首先要判断跌倒者是否清醒，有无晕厥或昏迷，若跌倒者意识不清，立即拨打"120"急救电话，有呕吐，将头偏向一侧，并清理口、鼻腔呕吐物，保证呼吸通畅；有抽搐，移至平整软地面或身体下垫软物，防止碰、擦伤，必要时牙间垫较硬物，防止舌咬伤，不要硬掰抽搐肢体，防止肌肉、骨骼损伤；如呼吸、心跳停止，应立即进行胸外心脏按压、口对口人工呼吸等急救措施；如需搬动，保证平稳，尽量平卧。若老人意识尚清楚，要询问老年人跌倒情况及对跌倒过程是否有记忆，如不能记起跌倒过程，可能为晕厥或脑血管意外，应立即护送老年人到医院诊治或拨打急救电话；询问是否有剧烈头痛或口角歪斜、言语不利、手脚无力等提示脑卒中的情况，应立即拨打急救电话；有外伤、出血，立即止血、包扎并护送老年人到医院进一步处理。查看有无肢体疼痛、畸形、关节异常、肢体位置异常等提示骨折情形，有无腰、背部疼痛，双腿活动或感觉异常及大小便失禁等提示腰椎损害的情形，不要随便搬动，以免加重病情，应立即拨打急救电话；如老年人试图自行站起，可协助老人缓慢起立，坐、卧床休息并观察，确认无碍后方可离开；如需搬动，保证平稳，尽量平卧休息；发生跌倒均应在家庭成员 / 家庭保健员陪同下到医院诊治，查找跌倒危险因素，评估跌倒风险，制定防治措施及方案。

第49问　老年人关注的其他就医问题有哪些

1. 老年人到眼科就诊应注意什么

眼科就诊和普通科室就诊不一样，有许多细节要求患者能够配合以便正确检查，下面为您介绍去眼科就诊注意事项：

（1）就诊前把自己的病历，尤其是眼科就诊病历整理好，带给将要求诊的眼科医生，便于该医生了解既往病史。眼与全身疾病的关系密切，好多全身疾病在眼部都有表现，如糖尿病、高血压、肾病、脑梗死等；甚至传染性疾病在眼部也有表现，如结核、艾滋病、梅毒等；还有一些药物对眼部也有影响，如乙胺丁醇、氯喹等。因此，如有全身病史、传染病史、用药史均应向医生说明，以便得到更全面、更快速的诊断。

（2）将和本次就诊有关的所有辅助检查（化验结果、X线片、CT、核磁、B超等）准备齐全，交给医生，供眼科医生参考。

（3）就诊时首先要向眼科医生讲述自己症状，要尽可能描述准确，并讲述出现症状后自己采取了哪些措施和药物使用情况。

（4）复诊患者，需要向眼科医生讲述曾经用过哪些药物（口服药、滴眼液等），如担心自己记不清楚，可将用过的滴眼液空瓶或包装盒带给医生，供眼科医师参考。

（5）戴眼镜者，不论是近视、远视还是老花，看病时都要将自己的眼镜带到眼科门诊，让医师检查眼镜的验配度数是否合适。

（6）去眼科就诊时，眼部最好不要化妆，尤其是不要涂眼影、睫毛膏等，以免遮蔽上下眼睑的病症，造成医生误诊。

（7）大部分老年患者都需要散瞳查眼底（闭角型青光眼患者除外），短效散瞳药物的药效一般持续 6~8 小时，散瞳期间应避免强光刺激，户外应戴遮沿帽或太阳镜。由于散瞳期间瞳孔散大和睫状肌麻痹，患者多会有暂时性畏光及近距离阅读困难现象，属正常现象。散瞳期间不能驾驶任何车辆，所以患者在就诊眼科时尽量不要自己驾车前往，中老年患者最好要有家属陪同。

（8）如眼科医生建议手术时，患者应遵循医嘱进行全身检查，以排除手术禁忌，降低手术风险。

2. 患慢病的老年人在什么情况下可以拔牙

（1）高血压：老年人血压高于 180/100 mmHg 时应先降压治疗再拔牙。血压高于 140/90 mmHg 而低于 180/100 mmHg 时，为减少风险可在心电监护下行拔牙术。

（2）心脏病：患有心脏病的老年人拔牙需慎重，凡是 6 个月内出现过心肌梗死者，近期心绞痛频发者，心功能三至四级者，心脏病合并高血压且血压高于 180/100 mmHg 者，严重心律失常者均应暂缓拔牙。处于稳定期的心脏病患者可在心电监护下拔牙。

（3）糖尿病：一般血糖控制在8.88 mmol/L（160 mg/dL）以下拔牙较为安全，可以减少拔牙术后发生并发症的风险。为最大限度地避免和减少拔牙后伤口感染，拔牙前应维持良好口腔卫生并预防性使用抗菌药物。糖尿病患者口腔颌面部病变最突出的表现是牙龈和牙周组织炎症和破坏，以致牙齿松动。另外，患者就诊时应如实向医生汇报自己的病情。糖尿病患者接受胰岛素治疗期间，拔牙最好在早餐后1~2小时进行，此时药物作用最佳。

（4）长期服用抗凝药物者：①长期服用抗凝药物者如身体情况稳定，在内科医师允许下应停药至少3日后再拔牙。②如不能停药，且只服用阿司匹林维持剂量者，可行简单拔牙术，术后充分止血。③如同时服用两种抗凝药物而不能停药者应暂缓拔牙。

（5）牙齿急性炎症期：牙髓炎的急性期因为病变局限在牙髓腔内可以行拔牙术，急性根尖周炎应在炎症消退方可拔牙，否则易导致感染扩散和术中麻醉效果不理想。

3. 缺牙的老年人什么时候镶牙合适

一般在拔牙后3个月后镶牙比较合适。因为拔牙后3个月内牙槽骨的变化比较大，如这时镶牙就会塞东西，很可能妨碍义齿（假牙）的功能，义齿很快就需要重新制作。拔牙3个月后骨头改建相对比较稳定，此时适合镶牙。

一般活动义齿的寿命是5~6年，根据每个人口腔状况、口腔卫生、咀嚼习惯可能略有差别。活动义齿每顿饭后都要摘下来清洗，不能用开水烫，也不能用盐水泡，因为自制的盐水浓度不标准，对义齿可能会有腐蚀性。晚上要摘下来放在凉水里泡着，让缺牙区和基牙得到休息。一般金属基托比塑料基托坚固。瓷牙一般不适合做活动义齿，活动义齿一般均为树脂牙，佩戴后一般每半年到医生处复查，发现问题及时处理。

第50问　老年人的就医政策有哪些

1. 我国老年人能够得到哪些医疗保障

我国现在建立的医疗保障制度主要是以城镇职工基本医疗保险、城镇居民基本医疗保险和新型农村合作医疗为主体，城乡医疗救助兜底，补充医疗保险（公务员医疗补助、城镇居民大病医疗保险、城镇职工大额医疗保险、企业补充医疗保险等）和商业健康保险为补充的医疗保障体系。这些保险体系都可以为老年人提供不同层次的医疗保障。

那我国老年人可以参加哪些医疗保险呢？有工作单位的老年人退休后继续参加城镇职工基本医疗保险，没有工作单位的城镇老年人可以参加城镇居民基本医疗保险。农村老年人可以参加新型农村合作医疗，简称"新农合"。同时家庭确实贫困的老年人、低保对象、无力参加医疗保险或进入医保后因病致贫无法个人负担共付部分费用者，可向民政部门申请城乡医疗救助。另外有经济条件的老年人都可适当参加商业健康保险，选择适合自身情况的险种作为补充，提高抵御疾病风险，降低经济负担能力。

2. 城镇非农业户口老年人可以参加的医疗保险有哪些？

城镇非农业户口老年人可以参加的医疗保险主要有以下几种。

（1）城镇老年人退休前曾在用人单位，包括企业、机关、事业单位、社会团体、民办非企业单位工作的，都应享有城镇职工基本医疗保险。医疗保险费由用人单位和职工共同缴纳。用人单位缴费率控制在职工工资总额的6%左右，在职职工缴费率为本人工资的2%。老年人退休后不再缴费。具体缴费比例由所在各统筹地区根据实际情况确定。城镇职工基本医疗保险基金由统筹基金和个人账户构成。个人账户主要支付门诊费用、住院费用中个人自付部分以及在医保定点药店购药费用。统筹基金用于支付符合规定的住院医疗和部分门诊大病医疗费用。以北京市为例，用人单位按照全体在职职工缴费基数总额的 10% 缴纳，在职职工按照个人工资 2% 缴纳基本医疗保险统筹基金，按照每人每月 3 元标准缴纳大额医疗互助资金。

（2）没有工作单位的城镇老年人可参加城镇居民基本医疗保险。筹资标准由本地经济发展水平和地方财政负担能力确定，政府对参保居民每年给予一定补助。以北京市为例，城镇老年人需每年到所在地社保所缴纳 300 元。门诊报销 50%，封顶线 2000 元，住院报销 70%，封顶线 17 万元。同时老年人可根据自己的经济情况参加一些商业健康保险作为补充，减少因大病带来的经济负担。

（3）城镇老年人因病致贫的低收入者和贫困者还可申请城市医疗救助。医疗救助对象包括老年人属于最低生活保障对象、并未参加城镇职工基本医疗保险和已参加城镇职工基本医疗保险但个人负担仍较重的人员和其他特殊困难老年人。医疗救助对象全年个人累计享受医疗补助金额原则上不超过当地对等的医疗补助标准。

3. 农村户口老年人可以参加哪些医疗保险

农村户口老年人可自愿参加新型农村合作医疗，它是由政府组织、引导、支持，个人、集体和政府多方筹资，以大病统筹为主的农民医疗互助共济制度。随着社会的发展和经济水平的提高，各地的筹资水平也在不断提高，受益范围逐步扩大，有效减轻了农村老年人看病就医经济负担。

家庭特别贫困的老年人，无力进入基本医疗保险体系，或进入后个人无力承担自付费用还可申请农村医疗救助。农村医疗救助对象主要包括：农村"五保户"、贫困户家庭成员和地方政府规定的其他符合条件的农村贫困农民。

4. 老年人如何选择医保定点医疗机构

建议老年人在选择定点医疗机构时，首先要选择就近、方便到达的医院。一些有慢病的老年人选择离家近的社区卫生中心，这样就诊方便，路程短，避免在大医院就医时等候过长时间，而且报销比例也比在二、三级医院要高。其次要兼顾综合与专科医院，最好选择一家当地医疗水平相对较高的二级或三级综合医院和比较有特色的专科医院，如中医医院。如突发急诊情况，可直接就医，即使不是自己选的定点医疗机构也可以手工报销。

5. 老年人如何使用社保卡就医

老年人首次持社保卡就医时，须在挂号时激活社保卡。社保卡激活后，就医时必须携带社保卡、身份证、病历手册到选定的定点医疗机构就医。就医前要出示社保卡进行挂号；就医时要出示社保卡；交费时同样出示社保卡在收费窗口办理交费手续进行结算。如果社保卡激活后参保人员未持卡就医的，当次看病的医疗费用医疗保险基金不予报销。持卡人员到不具备刷卡条件的定点医疗机构就医，先现金全额交费，由医院为参保人员出具医疗费用单据，参保人员将医疗费收据、处方、医疗费用明细单和社保卡交到单位或社保所，由单位或社保所汇总后，向医保中心进行医疗费用手工报销。

持卡人的社保卡遗失后，要及时挂失。挂失时需持本人的居民身份证或户口簿原件及复印件到社会保障卡服务网点进行正式挂失，同时办理补卡手续。

6. 参保人员退休后如何在异地就医和报销

参保人员退休后在外省市居住的，应在工作单位或户口所在地社保所申请办理异地就医登记手续。单位或社保所到参保地社保中心领取《医疗保险异地安置申报审批单》《基本医疗保险个人账户方式申请表》，可选择异地定点医疗机构作为本人定点医院。持《医疗保险异地安置申报审批单》到选择的异地医院和医院所在地的异地医保部门登记盖章，然后将《医疗保险异地安置申报审批单》交回单位，单位持相关材料到参保地社保中心和医保中心进行审批。异地安置人员在异地就医待遇按本人所在地区医疗保险支付范围的规定执行，其发生的医疗费用到原单位或户口所在地社保所办理报销。

7. 医疗照顾人员如何办理门诊就医、转诊手续和住院、转院手续

医疗照顾人员简称医照人员，是指驻京的中央直属企业及不享受公费医疗差额拨款、自收自支事业单位中现有按国家规定享受部级和司局级干部医疗照顾待遇的人员。在挂号时应持社保卡，符合公费医疗规定报销的诊疗费由定点医疗机构垫付，医疗机构为医照人员出具相关票据。就医时应主动出示社保卡及《医疗证》或《优诊证》，并按卫生行政管理规定书写《病历手册》。医照人员应持社保卡结算医疗费用，符合公费医疗规定报销的由定点医疗机构垫付，自费部分由医照人员与定点医疗机构结算，定点医疗机构应按规定为其提供相关

老年生活百问百答

单据。医照人员需要转诊的，由本人选定的定点医疗机构开具《医疗保险转诊单》，医照人员持社保卡到该定点医疗机构医疗保险办公室办理审批手续。医照人员办理转诊手续后，在转入定点医疗机构发生的医疗费用仍按持社保卡就医相关规定结算。

医照人员住院时应持社保卡及《医疗证》或《优诊证》办理住院手续，定点医疗机构应使用社保卡为其办理入院登记，并留存社保卡。定点医疗机构结算住院医疗费用时，符合公费医疗规定报销的由定点医疗机构垫付，自费部分由医照人员与定点医疗机构结算，定点医疗机构应按规定为其提供相关单据，将社保卡交还医照人员。医照人员办理入院登记后，需要撤销入院登记的，应使用社保卡办理。

8. 老年人发生哪些医疗费用不属于医疗保险基金支付范围

参保的老年人如有以下情况，医疗保险基金不予报销医疗费用。包括：在非本人定点医疗机构就诊的，但急诊住院除外；因交通事故、医疗事故或者其他责任事故造成伤害的；因本人吸毒、打架斗殴或因其他违法行为造成伤害的；因自杀、自残、酗酒等原因进行治疗的；在国外或者香港、澳门特别行政区以及台湾地区治疗的，按照国家和当地规定应当由个人负担的。

　　但有以下特殊情况者，医疗保险基金予以报销：参保人员因交通事故或其他责任事故造成伤害，在定点医疗机构就医，能够提供公安部门关于肇事方逃逸或无法查找责任人相关文字证明的，其医疗费用可按规定纳入医疗保险基金支付范围；无法提供此类文字证明的，其医疗费用医疗保险基金不予以支付。患精神病的参保人员因自杀、自残、酗酒，经鉴定为完全无责任能力或限制责任能力的，其相关医疗费用医疗保险基金予以支付。

第六章

慢病管理十问

第**51**问　为什么要重视慢病的自我管理

慢病是一组起病时间长，缺乏明确病因证据，在发病之后病情迁延不愈的非传染性疾病的总称。常见的慢病包括糖尿病、高血压、冠心病、慢性阻塞性肺疾病、痛风、脑卒中、睡眠障碍等。随着我国老龄化趋势的明显，慢病的发病、患病和死亡人数不断增多，且具有年轻化的趋势，群众疾病负担日益加重。慢病已成为危害我国居民健康和国家经济社会发展的重大问题。

1. 延缓病情

目前，老年人整体的健康状况存在着患病比例高、患病时间早、"带病生存"长的问题，如果能有效地进行慢病的自我管理，可以延缓病情的发展，提高老年人群的健康水平。

2. 减少并发症

不同的慢病会造成脑、心、肾等重要脏器的损害，易导致伤残，影响劳动能力和生活质量，且医疗费用较高，积极加强慢病的自我管理，可以有效减少并发症的发生。

（1）高血压并发症。

高血压最常见的并发症是脑血管意外，脑出血是高血压最严重的并发症之一。脑出血后果往往比较严重，可能引起脑卒中，严重的还会导致死亡。高血压也会对患者的心脏造成损害，引起冠状动脉硬化。有效控制血压，是高血压患者预防心脑血管意外的关键。

预防和治疗心脑血管疾病

（2）糖尿病并发症。

长期血糖增高，大血管、微血管受损危及心、脑、肾、周围神经、眼睛、足等。目前糖尿病常见的并发症包括糖尿病肾病、糖尿病性视网膜病变、糖尿病足、糖尿病神经病变等。据临床数据显示，糖尿病发病 10 年后，30%~40% 的患者至少发生一种并发症，而一旦发生并发症，药物治疗很难逆转，因此强调因早预防糖尿病并发症。

（3）冠心病并发症。

血栓是冠心病患者的常见并发症，也是导致冠心病的原因之一，如果心室内壁的血栓脱落，随着血液的流动，可能导致其他部分不同程度的动脉栓塞问题，最常见的是四肢或者是大脑，所以，冠心病患者需要长期控制血栓疾病。

3. 提高生活质量

生活质量包含生理、心理、社会功能三个方面，慢病患者的生活质量受到疾病状态的影响，很多心脑血管的疾病会导致肢体障碍，影响患者的日常生活和社会交往，而有效的慢病管理能减缓患者的疾病进程，预防并发症的发生，提升患者的生活质量和幸福指数。

4. 减轻经济负担

慢病存在病程长、治愈率低、复发率高的特点，给个人、家庭和社会带来沉重的经济负担。

5. 减轻家庭照护负担

慢病如果不能得到有效的控制，患者的日常生活自理能力逐步丧失，整个家庭需要承担患者的照料，不仅给患者自身带来不便，也加重家人的负担。

第52问 慢病患者如何自我管理

1. 什么是自我管理

自我管理是指患者在应对慢病的过程中发展起来的一种管理症状、治疗、生理和心理变化以及改变生活方式的能力，主要包括以下3个方面：

（1）疾病的治疗管理，如服药、改变饮食、自我检测等。

（2）建立和保持在工作、家庭和朋友中的新角色。

（3）处理和应对疾病所带来的各种情绪，如愤怒、恐惧、悲伤和挫败感。

2. 自我管理的技巧

（1）学会解决问题。

（2）学会制订计划。

（3）学会获取和利用资源：

① 建立伙伴关系。

② 采取行动。

3. 积极的自我管理

（1）建立信心：

① 听从鼓励，努力寻求支持。

② 勇于实践，成功完成某一行为。

③ 向周围有经验的人学习。

④ 消除不良情绪，保持愉悦心情。

（2）掌握技能：

① 按时服药、规律看医生、注意饮食、定期运动。

② 管理情绪。

③ 正常生活、家务、上班、社会交往、学习。

（3）掌握知识：掌握慢病的相关知识，成为一位积极的自我管理者。

第53问 高血压患者如何自我管理

一、什么是高血压

在未使用降压药物的情况下，非同日 3 次测量诊室血压，收缩压（SBP）高于 140 mmHg（1 mmHg=0.133 kPa）和（或）舒张压（DBP）高于 90 mmHg 则可诊断为高血压。SBP 高于 140 mmHg 和 DBP 低于 90 mmHg

为单纯性收缩期高血压。患者既往有高血压史，目前正在使用降压药物，血压虽低于 140/90 mmHg，仍应诊断为高血压。

二、如何控制高血压

1. 健康的生活方式

（1）合理膳食。

总原则：低盐饮食、限制总热量，尤其是控制油脂类型和摄入量、营养均衡。

① 限盐：中国营养学会推荐钠盐日摄入总量为健康人 6 g、高血压患者 3 g。

每天多吃 2 g 盐会导致血压升高 2/1.2 mmHg。

② 限制总热量：控制油脂的类型和摄入量。

③ 营养均衡。

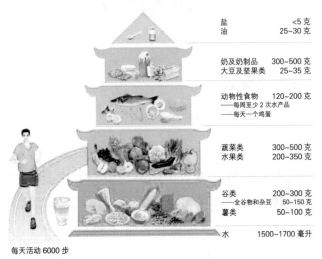

中国居民平衡膳食宝塔(2022)
Chinese Food Guide Pagoda(2022)

盐　　　　　　<5 克
油　　　　　25~30 克

奶及奶制品　300~500 克
大豆及坚果类　25~35 克

动物性食物　120~200 克
——每周至少 2 次水产品
——每天一个鸡蛋

蔬菜类　　　300~500 克
水果类　　　200~350 克

谷类　　　　200~300 克
——全谷物和杂豆　50~150 克
薯类　　　　50~100 克

水　　　　1500~1700 毫升

每天活动 6000 步

（2）适量运动。

规律的体力活动可降低收缩压 4~9mmHg，适度的运动还有减肥、降脂、降糖效果。

（3）戒烟限酒。

禁止　　　　　　限量

（4）情绪管理。

① 看看逗笑的电视节目或听听悠扬的音乐，闭目

回忆过去美好、温馨的情景。

②买一个计步器（每天 5000 步）。

③外出旅游，购物逛街。

④和亲友打个电话，释放忧虑。

⑤回家和孩子玩耍。

2. 服用药物

总目标：使血压达标，最大限度地降低心脑血管病发病及死亡的总体危险。

一般高血压患者低于 140/90 mmHg，老年（≥ 65 岁）患者低于 150/90 mmHg。

平稳达标、长期达标；避免血压下降速度太快以及降得过低，经过 4~12 周的治疗使血压达标。

血压并非越低越好

3. 用药原则

（1）小剂量开始，逐渐增加剂量或联合用药，以获得疗效而使不良反应最小。

（2）优先应用长效制剂，尽量使用每天只需一次给药、能持续 24 小时降压的长效药物，可 24 小时控制血压平稳，更有效地预防心脑血管事件。

（3）联合治疗，对二级以上的高血压或高危患者可采用不同作用机制的降压药联合治疗。

（4）个体化治疗，根据患者具体情况选用更适合该患者的降压药。

（5）在治疗高血压的同时，综合干预所有心血管危险因素，处理各种并存的临床疾患。

（6）长期治疗的重要性：患者需要有长期治疗的理念，要学会血压的自我管理，在长期治疗中尽可能使血压达到或接近目标血压。

4. 血压的监测——鼓励患者使用电子血压计

推荐使用经过国际标准认证的上臂式电子血压计（ESH、BHS、AAMI），逐步淘汰汞柱血压计。

（1）充气：自动充气，使用方便。

（2）放气：自动放气，速度均匀，测量结果偏差小。

（3）显示方法：使用液晶显示结果，方便直观。

（4）适用对象：医用 / 家用。

（5）环境影响：不含汞，不存在对医生的危害和对环境的破坏问题。

老年生活百问百答

第54问 糖尿病患者如何自我管理

1. 什么是糖尿病

糖尿病是一组以高血糖为特征的代谢性疾病。高血糖则是由于胰岛素分泌缺陷或其生物作用受损，或两者兼有引起。长期存在的高血糖，导致各种组织，特别是眼、肾、心脏、血管、神经的慢性损害和功能障碍。

糖尿病的诊断标准

状态	正常	血糖增高	糖尿病
空腹	≤ 6.1	6.1~7.0	≥ 7.0
餐后	≤ 7.8	7.8~11.1	≥ 11.11

2. 如何控制高血糖

有五驾马车来综合管理，我不怕！

运动　饮食　教育　药物　监测

糖尿病治疗的"五驾马车"

● 饮食

（1）确定每日食物总热量：每日总热量 = 标准体重 × 每日热量需求。

标准体重（kg）= 实际身高（cm）–105

判断目前体重 （与标准体重相比）	肥胖	超重	正常	偏瘦	消瘦
	≥ 20%	≥ 10%	± 10%	≤ –10%	≤ –20%

（2）确定活动强度。

活动强度	身体所需热量 /（kg·d）		
	消瘦	正常	肥胖
卧床休息	20~25	15~20	15
轻体力：退休、教师、职员、营业员等	35	30	20~25
中体力：学生、司机、医生等	40	35	30
重体力：搬运工、建筑工、农民等	45	40	35

（3）计算食物每日交换份。

将食物分为谷薯类、蛋白质类、蔬果类和油脂类这四大类，每份食物约定热量为 90 kcal。同类食物间可互换，非同类食物间不得互换。部分蔬菜、水果可与主食（谷薯类）互换。

$$1 个食物交换份 =90 千卡热量$$

$$每日所需交换份 = 总热量 \div 90$$

（4）合理分配一日三餐。

① 早、午、晚餐各占 1/3。

② 两餐间加餐的热量可以从上一餐中减除。

（5）饮食小技巧："手掌法则"——糖尿病食物大小选择方式。

两个拳头大小的碳水化合物可以代表每餐的碳水化合物摄入量，可以表示一个馒头、花卷或一碗米饭、面条的大小，一个拳头可以代表一份主食的大小。

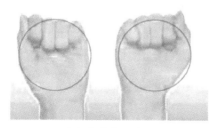

碳水化合物和水果

两只手可容纳约 500 g 量的蔬菜，蔬菜的能量很低，建议每日摄入 500~1000 g 蔬菜。

蔬菜

50 g 的蛋白质类食物相当于手掌心大小，建议每天摄入蛋白质 50~100 g。

蛋白质

需要限制每天油脂摄入量，每顿摄入大拇指的尖端大小就足够了。

建议每日摄入 50 克左右瘦肉，测量参照两个手指大小。

脂肪

瘦肉

● **运动**

（1）运动注意事项。

✓ 运动治疗应在医生指导下进行。

✓ 应采有氧运动，尽可能做全身运动，使全身每个部位都得到锻炼。

✓ 做操、跑步、打拳、练剑、跳舞等，练气功站着不动是达不到全身运动的目的的。

✓ 最常用：散步、慢跑。

（2）运动的频率及强度。

✓ 每周至少 150 分钟，如一周运动 5 天，每次 30 分钟。

✓ 即使进行少量的体力活动（如平均每天 10 分钟）也是有益的。

✓ 视个人耐受度调整，以达到出汗，且不觉疲惫为原则，使心率达到合理目标。运动后心率（次 / 分）=170（次 / 分）—年龄（岁）。

（3）运动时间的选择。

✓ 宜在餐后 1 小时开始，饭前锻炼容易造成低血糖。

✓ 避开药物作用高峰，以免发生低血糖。

✓ 不宜在清晨运动，易出现脑卒中及猝死：血压较高、血液最黏稠、血糖最低。

● **药物**

选择合适的药物，把糖化血红蛋白降下来，才是降糖治疗的硬道理。

（1）常见降糖药。

✓ 磺脲类

机制：作用于胰岛 B 细胞，促进胰岛素分泌达到降糖目的。

临床使用数十年，种类较多。

临床常用代表药物：格列吡嗪、格列奇特、格列苯脲。

✓ 双胍类

机制：通过抑制食欲、促进葡萄糖利用，达到降糖目的。

常用于肥胖患者，可与磺脲类药物联合以增强降糖效果。

临床常用代表药物：二甲双胍。

✓ 噻唑烷二酮类

机制：通过增加胰岛素敏感性，达到降糖目的。

常用于比较胖的 2 型糖尿病患者。

与胰岛素联用可减少胰岛素用量。

临床常用代表药物：吡格列酮。

✓ α- 糖苷酶抑制剂类

机制：通过抑制肠道葡萄糖吸收，达到降糖目的。

常用于餐后血糖升高为主的糖尿病患者。

临床常用代表药物：阿卡波糖。

种类	起效时间	高峰时间	持续时间
超短效	15 分钟	1~2 小时	
短效	30 分钟	2~4 小时	6~8 小时
中效	1~2 小时	6~12 小时	14~18 小时
预混	30 分钟	2~4 小时，6~12 小时	16~20 小时
超长效	1.5 小时	几乎无高峰	22~24 小时
预混胰岛素类似物	15 分钟	1~2 小时，6~12 小时	16~20 小时

（2）胰岛素类。

● **监测**

（1）糖尿病自我检测。

患者类型	监测频率
血糖控制差或病情危重者	4~7 次 / 天
病情稳定或已达血糖控制目标者	1~2 天 / 周
胰岛素治疗起始阶段	5 次 / 天
胰岛素治疗达标后	2~4 次 / 天
口服药和生活方式干预者达标后	2~4 次 / 周

（2）血糖仪的选择。

　✓　准确，包括测量结果与真实结果之间的准确和多次测量一致性的精确。

✓ 抗干扰能力强，包括内源性和外源性的干扰。

✓ 存储功能强，便于统计、比对。

✓ 操作简便，易学易用。

✓ 售后服务良好。

（3）监测结果记录。

✓ 记录监测日期。

✓ 记录测血糖的时间、血糖数值，包括餐前、餐后、睡前等血糖值。

✓ 记录使用糖尿病药物的时间和剂量。

✓ 备注记录下您认为可能会影响您自己当日血糖起伏的任何运动或其他事件。

血糖结果

日期	早餐		午餐		晚餐		睡前	夜间
	早餐前 6:30 am	早餐后	午餐前	午餐后	晚餐前	晚餐后	睡前	凌晨前

● **教育**

糖尿病教育也就是让患者正确认识疾病，饮食遵循少盐、少脂和少糖的饮食结构；多运动来积极控制体重；严格按照医嘱使用降糖药物；了解复查血糖的重要性，帮助调整治疗方案；避免走进疾病误区，保持心情放松。

第55问　冠心病患者如何自我管理

1. 什么是冠心病

冠心病是冠状动脉粥样硬化性心脏病的简称，是由于动脉粥样硬化使血管狭窄 / 阻塞，导致心肌缺血、缺氧而引起的心脏病，也叫缺血性心脏病。

2. 冠心病临床表现

胸痛：疼痛从胸骨后或心前区开始，向上放射至左肩、臂、甚至小指和无名指一部分患者的症状不典型，仅仅表现为心前区不适、心悸或乏力，或以胃肠道症状为主。

3. 如何管理冠心病

● **控制血压**

目标血压值＜ 140/90 mmHg。

心衰、肾功能不全＜ 130/85 mmHg。

糖尿病患者＜ 130/80 mmHg。

若血压不能达标，需要个体化地给予降压药物治疗。

- **控制体重**

理想的 BMI 为 19~24。

- **控制血糖**

空腹血糖< 7 mmol/L。

餐后血糖< 11.1 mmol/L。

- **戒烟**

- **限制饮酒**

每日饮用的酒精量应少于 20g，啤酒限制在每日 350 ml。

- **坚持长期服药**

在医生的指导下合理用药。

注意口服药物的服药时间、方法、剂量。

用药后注意休息或平卧片刻，随时注意药物的不良反应。

定期复查，特殊情况随访。

- **合理膳食**

低盐饮食：每人每天以食用 6g 盐为宜。

注意维生素的摄入：新鲜蔬菜＋水果每天不少于 500g。

绿色蔬菜：富含叶酸，能够清除血液中过多的同型半胱氨酸，从而保护心脏。

黄色蔬菜：胡萝卜、红薯、南瓜等，富含维生素 D 和维生素 A，减少感染和肿瘤的发生。

黑色蔬菜：如黑木耳，营养较全，能明显减少动脉粥样硬化、冠心病、卒中等严重疾病的发生率。

红色蔬菜：红辣椒、番茄、红枣等，促进人体巨噬细胞活力。

白色蔬菜：冬瓜、甜瓜、竹笋，可调节视力、安定情绪，降低胆固醇及甘油三酯。

● **适量有氧运动**

锻炼时间选择：一般认为冠心病患者，选择晚上 7~9 点的时间锻炼比较合适。

运动方式：可以选择步行、骑自行车、太极拳、保健操等。

运动强度：每次运动不少于 30 分钟，每周运动不少于 5 次。

第56问　慢阻肺患者如何自我管理

1. 什么是慢阻肺

慢阻肺全称慢性阻塞性肺疾病（chronic obstructive

pulmonary disease，COPD），是一种具有气流受限特征的可以预防和治疗的疾病，气流受限不完全可逆，呈进行性发展。慢阻肺主要累及肺脏，也可引起肺外的不良反应。

2. 慢阻肺为什么要自我管理

慢阻肺是一种中老年人常见的慢性疾病，患病率、致死率和致残率呈逐年上升趋势，已经发展为威胁人类健康的公共卫生问题之一，良好的自我管理有以下优点：

（1）改善症状。

（2）提高运动耐力。

（3）减少急性发作次数。

（4）减少医疗资源消耗。

（5）提高生活质量。

3. 慢阻肺如何自我管理

（1）戒烟很关键。

药物治疗和尼古丁替代疗法可提高长期戒烟的成功率。

（2）个体化药物治疗。

药物治疗可以减轻慢阻肺的症状和严重程度，减少慢阻肺的发作频率，改善健康状况。

（3）增强运动耐量。

（4）接种疫苗。

接种流感疫苗可降低下呼吸道感染的发生率，接种肺炎链球菌疫苗可减少下呼吸道感染的发生。

（5）肺康复锻炼。

改善症状，提高生活质量，保证患者有充足的体力和精神更好地参与每天的活动。

（6）长期家庭氧疗。

改善静息状态下严重慢性低氧血症患者的生存率。

（7）无创通气技术。

降低严重高碳酸血症和因急性呼吸衰竭而住院患者的病死率，预防再次住院。

第57问　脑卒中患者如何自我管理

1. 什么是脑卒中

"脑卒中"又称"脑血管意外"或"中风"，是由于脑部血管突然破裂或因血管阻塞导致血液不能流入大脑而引起脑组织损伤的一组疾病。

脑卒中包括缺血性和出血性卒中，前者包括脑血栓

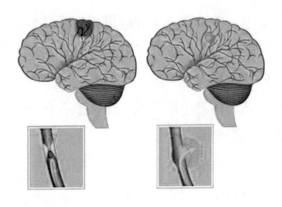

形成和脑栓塞，统称为脑梗死；后者包括脑出血和蛛网膜下腔出血。缺血性卒中的发病率高于出血性卒中，占脑卒中总数的 60%~70%，年龄多在 40 岁以上，男性较女性多，严重者可引起死亡。

2. 脑卒中的常见症状

● 脑梗死的表现

（1）突发一侧肢体无力、反应迟钝、感觉沉重或麻木。

（2）一侧面部麻木或口角歪斜。

（3）缺乏平衡感、步行困难。

（4）单眼或双眼视物模糊或向一侧凝视。

（5）吞咽困难、言语困难。

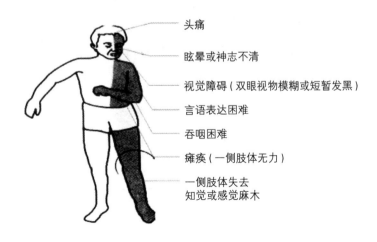

头痛

眩晕或神志不清

视觉障碍（双眼视物模糊或短暂发黑）

言语表达困难

吞咽困难

瘫痪（一侧肢体无力）

一侧肢体失去知觉或感觉麻木

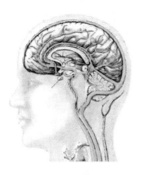

（6）意识障碍或抽搐。

（7）严重头痛、呕吐。

● **脑出血后的表现**

（1）体力活动或情绪激动时发病，多无预兆。

（2）起病较急，数分钟至数小时达到高峰。

（3）有肢体瘫痪、失语等局灶定位症状。

（4）剧烈头痛、喷射性呕吐、意识障碍等全脑症状。

（5）发病时血压明显升高。

3.脑卒中的早期识别

"FAST" + "120" 评分

✧ 如怀疑自己或家人有卒中，推荐您使用简便的 "FAST" + "120" 评分系统自行评估。

✧ 如果三项之一有阳性表现，发生卒中的可能性是72%！请立即拨打急救电话，急救人员将会给您提供更多更完善的评估。

F Face is uneven 面瘫 / 口角歪斜	F (Face): 您是否能够微笑？是否感觉一侧面部无力或者麻木
A Arm is weak 肢体无力	A (Arm): 您能顺利举起双手吗？能够感觉一只手没有力气或若根本无法抬起
S Speech is strange 言语不清	S (Speech)：您能流利对答吗？是否说话困难或言语含糊不清
T Time to call 120 迅速求助	T (Time): 如果上述三项有一项存在，请您立即拨打急救电话 120

家庭急救措施

✧ 解开患者领口和胸前的衣扣，使衣物保持宽松。

✧ 患者如果神志清楚，可以平卧休息。

✧ 神志不清的患者，采用侧卧位，头稍稍后仰，有利于患者呼吸。

必须禁止的动作——

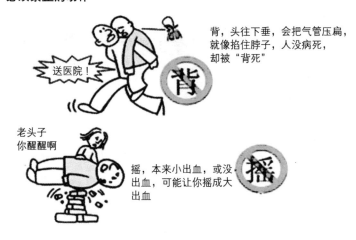

送医院！

背，头往下垂，会把气管压扁，就像掐住脖子，人没病死，却被"背死"

老头子你醒醒啊

摇，本来小出血，或没出血，可能让你摇成大出血

◇ 戴义齿的要取出来，如果发生呕吐，要清理口腔，以免呛到肺里造成肺部感染。

◇ 注意保持气道开放、保护唇舌，避免咬伤。

◇ 必须禁止背或者摇晃患者。

◇ 时刻观察患者的情况，不可以让患者喝水、吃东西。

4. 脑卒中的预防

● **控制血压、血糖、血脂水平**

（1）如有高血压病史，请经常测量并控制好血压，确诊为高血压病后应开始遵医嘱进行药物治疗，持之以恒规律服药，控制血压低于 140/90 mmHg。有糖尿病、高血脂的患者，应控制在 130/80 mmHg 以下。

（2）控制饮食，加强体育锻炼，进行有效的药物治疗并定时监测血糖。

（3）遵医嘱服用他汀类或贝特类药物调脂，控制血脂水平，LDL-C < 100 mg/dl，有冠心病、糖尿病者控制在 LDL-C < 80 mg/dl。

● **定期体检**

40 岁以上定期体检是非常必要的保健措施，最好由专业的神经内科医生进行体检，以一年一次为宜。了解血糖、血脂、心脏、血管情况并及时治疗。

- **改变不良生活习惯**

（1）适当运动、规范作息。

（2）劳逸结合、合理膳食。

（3）多吃富含蛋白质和纤维素的食物，如蔬菜和水果等，减少高盐高脂饮食。

- **克服不良习惯**

（1）建议戒烟，远离吸烟环境，避免吸二手烟。

（2）适度饮酒，最好能戒酒。

第58问　老年睡眠如何自我管理

1. 老年睡眠的特点

老年人晚上睡眠特点是深睡眠减少、浅睡眠增加、觉醒增加和睡眠片段化，而白天出现以微睡为主要表现的打盹。另外，老年人睡眠节律形式不同于年轻人。年轻人为单时相节律形式，而老年人又像幼儿一样变为多时相节律形式，造成夜间频繁觉醒而白天打盹增多。

2. 睡眠障碍对健康的影响

（1）免疫力下降。

（2）记忆力下降。

（3）注意力不集中。

（4）反应迟钝。

（5）容貌衰老。

（6）增加抑郁的概率。

（7）增加长期倦怠工作的情况。

（8）增加医疗资源的消耗。

（9）增加行文障碍。

（10）增加心血管问题的危险。

3. 如何改善睡眠

（1）创建良好的睡眠环境：整洁、舒适、安静、安全。

① 调节卧室的光线和温湿度，保证起居室温湿度适宜、无异味、光线柔和。

② 保持被褥的干净整洁，被褥厚薄适宜、衣物松紧适宜。

③ 保持周围环境安静，避免大声喧闹。

（2）养成良好的睡眠习惯。

① 提倡早睡早起，午睡的习惯，午睡的时间控制在 1 小时以内。

② 入睡前不宜饮用咖啡、喝大量水、吸烟、喝酒等，睡前应如厕。

③ 情绪对老年人的睡眠影响很大，因此，注意调节睡前的情绪。

④ 鼓励老年人规律锻炼，参加力所能及的日常活动和体力劳动。

⑤ 入睡困难时，尽量采用非药物手段帮助入睡。

（3）行为干预。

① 放松训练。

② 刺激控制疗法，如被动集中注意力，避免睡前兴奋等。

③ 睡眠限制，白天减少睡眠的时间。

第59问　老年口腔如何自我管理

1. 什么是健康的口腔

根据世界卫生组织制定的口腔健康5项标准：

◇ 牙齿清洁。

◇ 无龋洞。

◇ 无疼痛感。

◇ 牙龈颜色正常。

◇ 无出血现象。

2. 老年口腔常见问题

● 龋齿

龋齿是由一种以细菌为主的、多因素复合作用导致的牙齿硬组织慢性进行性破坏性疾病，是老年人常见的口腔疾病。按发生部位可分为冠部龋和根面龋，老年人以根面龋更为常见。

● 牙周病

牙周病是一种发生在牙齿周围组织的慢性疾病。牙周炎最终会导致牙齿脱落，并对咀嚼功能、美学和生活质量产生负面影响。

牙周病的发展过程

① 牙周病早期：出现牙龈炎、牙龈红肿出血

② 牙周病中期：出现牙周袋，有口臭、化脓现象

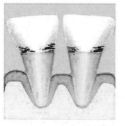

③ 牙周病中晚期：牙槽骨吸收，患牙松动

④ 牙周病晚期：牙槽骨流失，牙齿脱落

- **牙齿严重脱落**

由于龋齿、牙周病等原因，老年失牙比例较大。失牙以及由此引发的咀嚼功能障碍不仅严重影响老年人的生活质量，还与老年营养不良、残障、心血管疾病甚至老年人的过早死亡密切相关。

- **牙体软组织疾病**

老年人口腔黏膜病变常见的发病部位包括硬腭、牙龈、唇、舌的表面（舌背面）、颊黏膜、口腔前庭和唇黏膜。

高龄、吸烟的老年人罹患口腔疾病的风险更高。

3. 如何清洁口腔

- **口腔保健三部曲**

（1）一刷：用正确的方法刷牙，同时包括对牙龈和舌面的清洁。

（2）二通：应用牙线和牙间隙刷彻底清洁牙间隙，将每一个牙齿清洁干净。

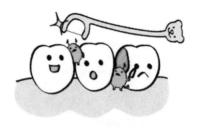

（3）三冲：在上述两个步骤完成后，用冲牙器将每个牙缝冲洗干净。

● **刷牙方法：推荐 Bass 刷牙法**

（1）刷重点部位：牙颈部。

牙颈部：牙齿与牙龈交接的地方。

刷毛放于牙颈部，使牙刷的刷毛与牙齿长轴成45°角，轻轻加压，使部分的牙刷进入两颗牙之间的邻面隙，然后短距离地水平颤动。水平颤动的幅度不超过2 mm。

（2）按顺序刷牙。

从一侧到另一侧，里外都要刷，两三颗牙齿为一组，每一组水平颤动5~10次，上面的牙从上向下拂刷，下面的牙从下到上拂刷。

（3）刷上下前牙的里面。

牙刷竖起，将刷头尾段或前端刷毛放于牙齿的颈部，轻轻加压上下放下振动刷毛5~10次，再沿牙面拂刷。下面的牙齿从下往上刷，上面的牙齿从上往下刷。

（4）刷咬合面。

将牙刷刷毛整体放在咬合面上（刷毛垂直于咬合面），轻轻加压，来回颤动，幅度不超过2mm。一组一组刷牙，保证每组之间有重复。

（5）刷最后一颗牙的远中面。

将牙刷放在最后一颗牙的最里面，用刷毛将整个远中面轻轻加压拂刷两三次。

注意：刷牙时间至少3分钟；每顿饭后刷牙，至少早晚刷牙；吃酸的东西后，先漱口，半小时后刷牙。

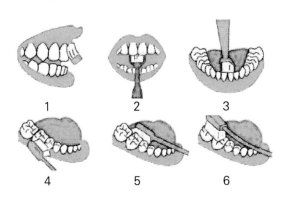

1　　2　　3

4　　5　　6

● 这些刷牙方式不可取

（1）横向刷牙：容易损伤牙釉质和牙本质，导致牙软组织损伤，甚至出现牙齿楔状缺损。

（2）大力刷牙：力量太大，伤害牙齿。

（3）刷牙时间太短：最好坚持3分钟。

（4）刷牙次数不够：确保早晚刷牙。

第60问 老年骨质疏松患者如何自我管理

1. 什么是骨质疏松

骨质疏松症是以全身性的骨量降低，骨微结构破坏，导致骨脆性增加、易发生骨折为特征的全身性骨病。

◇ 为什么老年人容易骨质疏松？

◇ 年龄、性别：65岁以上、女性老年人发生骨质疏松的风险较高。性别对骨量的影响主要与激素有关，人的骨骼在生长、发育和衰老的整个生理过程中，骨量会随着年龄的增长而发生变化。女性绝经后体内多种激素浓度发生改变，这些激素的变化或独自或协同作用，使成骨细胞活性降低，破骨细胞的活性增强，导致骨转换加速，骨量丢失增加。

◇ 饮食习惯：主食以面食为主，鱼及水产品、奶制品、豆制品摄入少的老年人发生骨质疏松的可能性较大，老年人总的饮食摄入较少，蛋白摄入不足，可以造成血浆蛋白含量降低，引起骨基质合成的不足，新骨形成便会明显地落后，容易发生骨质疏松，更易导致骨质疏松性骨折。此外，吸烟、酗酒、过量摄入含碳酸饮品、咖啡因饮品，食物中缺乏钙、维生素 D 也会增加骨质疏松的发生率。

◇ 生活习惯：长期卧床、缺乏户外锻炼、日照时间少。

◇ 药物：长期服用影响骨代谢的药物，如肾上腺糖皮质激素、抗癌药物、抗癫痫药物等。

2.骨质疏松的预防和护理

● **正确认识、早期预防极为重要**

中国医师协会推荐，对所有绝经后女性和老年男性进行危险因素筛查，对 60 岁以上女性和 65 岁以上男性做骨密度检查，同时针对可控制的危险因素制订干预措施。

◇ 饮食护理：合理配餐，保持营养均衡，主食品种多样，粗细搭配合理；副食宜含钙、磷和维生素 D。胃酸分泌过少者可在食物中放入少量醋，增强钙的吸收。防止过度饮酒、吸烟、饮用咖啡及碳酸饮料，进食含钙丰富的食物。

◇ 功能锻炼：适当做一些体力活动，运动量应适宜，选择空气清新、阳光充足的环境，以增加阳光照射，促进皮肤维生素 D 的合成和钙磷吸收。

◇ 服药护理：骨质疏松症患者需要在专业医师指导下使用维生素 D、降钙素、钙剂及雌激素等药物来预防及治疗，了解药物的药理作用以及可能出现的不良反应，注意服药注意事项、服用方法，避免发生多服、漏服、不按时服等情况。

◇ 心理护理：骨质疏松症一般病程长、治疗效果不明显，应做好长期治疗的心理准备，增强信心，利于康复。

扫码阅读 PPT

心理
健康
十
问

心理健康是指心理活动和心理状态正常，包括心理过程和个体心理特征的正常。

1. 老年心理健康的内涵

◇ 个体心理活动内部一致，知情意心理过程协调。

◇ 个体心理活动与外部环境统一，表现一致，即主观反映与客观现实相符。

◇ 个体与环境协调，人际关系和谐。

◇ 人格健全，个性心理特征相对稳定。

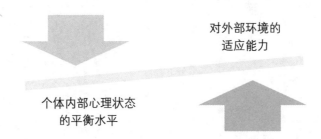

对外部环境的
适应能力

个体内部心理状态
的平衡水平

2. 老年心理健康评估常用量表

量表类型	量表名称	评估内容
智力量表	简易智力状况简表（MMSE，1975）	老年人认知功能障碍能级
	长谷川痴呆量表（HDS，1974）	老年痴呆状况
单一心理问题反应评估工具	老年抑郁量表（GDS，1982）	以30个问题评测老年人的抑郁程度，包括以下症状：情绪低落，活动减少，易激怒、退缩、痛苦，对过去、现在与将来的消极评价
	焦虑自评量表（SAS，1971）	用于衡量个体焦虑状态的轻重程度
	自尊评价量表（SES，1965）	评定个体自我价值和自我接纳的总体感受
综合状况调查工具	康奈尔医学量表（CMI）	包括躯体症状、家族史、一般健康和习惯、精神症状四个方面，用于全面了解被测人员的身心健康状况
	SCL-90症状自评量表	共90个项目，从感觉、情感、思维、意识、行为到生活习惯、人际关系、饮食睡眠等。用以评估被测试者是否可能有心理障碍，有何种心理障碍以及严重程度如何

3.老年心理健康评估注意事项

（1）文字简明易懂。

（2）评估问卷可操作性强。

（3）问卷题目不宜过多。

（4）心理评估的同时观察老年人行为表现。

（5）注意近期生活中有无特殊事件。

第63问 老年心理特点是什么

● **感知方面：** 随着年龄增加，老年人的感觉器官逐渐衰退，最常见的是视力和听力老化。听力下降容易误听、误解他人意思，出现敏感猜疑或心因性偏执观念；容易发生定向力障碍，影响对时间、地点、人物的辨别。

● **注意方面：** 老年人视觉注意更容易受到无关刺激的干扰，而注意转移的灵活性也变差。

● **记忆方面：** 一般来说，记忆力从50岁开始就有所减退，70岁以后更明显。表现为不同程度的"近记忆"衰退，对新近接触的事物或学习的知识都忘得快。总体上说，老年人的记忆能力是随着年龄的增加而减退的，且受到教育程度的影响。

● **思维方面：** 总的来说，老年人思维随年龄增长而下降，但衰退的速度和程度存在个体差异。表现为思维局限、固化，推理能力下降等。

● **智力方面：** 成人智力分为液态智力和晶态智力。液态智力指与知觉整合、近事记忆、思维敏捷度、注意力、反应速度等有关的能力，随年龄增长而减退较早，老年期下降更明显；晶态智力指与后天的知识、文化、经验积累有关的能力，如词汇、理解力、常识等，一般不随年龄增长而减退，有的甚至还有所提高，直到70岁后才出现减退，且减退速度缓慢。

● **情绪方面：** 由于生理老化、社会角色改变、社会交往减少以及心理机能变化等主客观原因，老年人经常会产生消极情绪体验和反应，如紧张害怕、孤独寂寞、无用失落以及抑郁焦虑等。

◇ 失落感：由于社会角色、家庭角色的改变，经济负担加重，疾病困扰等因素，会使老年人因心理不适应而产生失落感。因而可能出现两种情绪：一是沉默寡言，表情淡漠；二是急躁易怒，爱发脾气。

◇ 孤独感：家庭是老年人生活的基本单元。家庭的小型化、儿女与老人分居、丧偶、因疾病不能进行户外交往活动等都会使老年人产生孤独感。

◇ 抑郁感：老年人离退休之后，接触社会的机会减少，与人交流的时间减少，信息的来源减少，加之衰老造成的沟通障碍，会使老年人产生抑郁感，表现为对周围事物漠不关心，对人冷漠，不爱讲话，等等。

◇ 焦虑感：很多老年人担心患病，担心自理能力下降，担心给儿女加重负担，这种担心会随着衰老和患病而加重，使老年人容易焦虑和恐惧，表现为冷漠或急躁。

● **性格方面：**随着年龄的增长，人的性格特点既有持续稳定的一面，也有变化波动的一面，而稳定多于变动。表现为以自我为中心、固执、保守、猜疑、心胸狭窄等。

1. 客观因素

（1）性别——男性总体好于女性。

（2）职业——脑力劳动者好于体力劳动者。

（3）文化程度——有随文化程度的提高而改善的趋势。

（4）健康状况或患病的数量明显影响心理健康，两者呈负相关。

（5）生活事件数也影响心理健康，两者呈负相关。

2. 主观因素

生活满意度是对自己生活方方面面的评估和权衡，形成整体性、概括性的综合评价。

（1）夫妻关系满意度。

（2）子女关系满意度。

（3）经济满意度。

（4）健康满意度。

主观幸福感则是人们对自己整体生活的满意度，是衡量心理健康和生活质量的综合性心理指标，包括生活满意度（代表认知成分）和正负性情绪。

第65问 老年为什么出现心理变化

1. 生理功能减退

随着年龄增加，脑细胞逐渐发生萎缩并减少，导致精神活动减弱，反应迟钝，记忆力减退，尤其表现在近记忆方面。视力及听力也逐渐减退。

2. 社会地位变化

社会地位的改变，可使一些老年人发生心理上的改变，如孤独感、自卑、抑郁、烦躁、消极等。同时这些心理因素，也可能促使身体老化。

3. 家庭人际关系

离退休后，老年人的主要活动场所由工作单位转为家庭，家庭成员间的关系对老年人的影响很大，如子女对老年人的态度、代沟产生的矛盾等。

4. 营养状况

营养不足可出现精神不振、乏力、记忆力减退、对外界事物不感兴趣等。

5. 体力或脑力过劳

体力及脑力过劳均可使记忆减退、精神不振、乏力、思想不易集中，甚至产生错觉、幻觉等异常心理。

6. 疾病

不同疾病对患者身体造成不同程度的伤害，容易使老人产生悲观、孤独等心理状态。

第66问 老年心理常见问题有哪些

1. 衰老与疾病

◇ 健身与健脑并重，既预防老年疾病又延缓衰老。
◇ 健身与健心并重，重视心理自我保健，善于心理调适，很多问题就迎刃而解。

2. 离退休的心理反应与适应

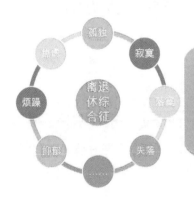

3. 婚姻家庭

老年人退休后主要的活动圈子在家庭，家庭关系对身心健康影响很大。家庭和睦、夫妻恩爱、婚姻美满、子女孝顺、人际关系和谐，均是老年人心情愉快、健康长寿的重要相关因素。

4. 活动与交往

老年人参加各种活动（如体育活动、家庭或社会活动），可使生活充实、精神愉快、身心健康、生活满意。

第67问　老年心理发展的主要矛盾有哪些

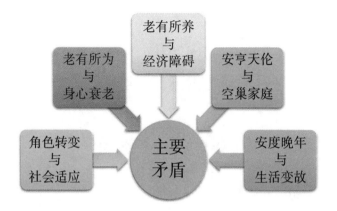

第68问　什么是离退休综合征

1. 原因

（1）离退休前缺乏足够的心理准备。

（2）离退休前后生活境遇反差过大，如社会角色、生活内容、家庭关系等。

（3）适应能力差或性格缺陷。

（4）缺乏社会支持。

（5）失去价值感。

2. 特点

（1）事业心强、好胜而善辩、拘谨而偏激、固执的人发病率较高。

（2）无心理准备突然退休的发病率高且症状偏重。

（3）平时活动范围小，兴趣爱好少的人发病率较高。

（4）男性比女性适应慢，发病率较女性高。

3. 如何对待离退休综合征

（1）正确看待离退休，老年人到了一定的年龄，由于职业功能的下降，退休是一个自然的、正常的、不可避免的过程。

（2）做好离退休的心理准备，快到离退休年龄时适当减少工作量，主动及早寻求精神寄托；离退休前积极做好准备，如经济上的收支、生活上的安排。

（3）退休后安排一次探亲访友或旅行，有利于老年人的心理平衡。培养几种兴趣爱好，或重新找一份轻松的工作，使自己退而不闲，充分安排好自己的时间。

（4）避免因退休而产生的消极不良情绪，勇于面对，尽量宽容，及时进行倾诉、发泄等。

（5）营造良好环境，家庭热情温馨地接纳、陪伴老年人；单位要经常联络、关心离退休老年人。

（6）建立良好的社会支持系统，如社区服务等。

1. 原因

（1）对离退休后的生活变化不适应，从工作岗位退下来后感到冷清、寂寞。

（2）对子女情感依赖性强。

（3）由于本身性格方面的缺陷，对生活兴趣索然，缺乏独立自主的振奋精神、重新设计晚年美好生活的信心和勇气。

2. 特点

（1）失落感和孤独感突出。

（2）自我价值感弱化。

（3）亲情关系淡化。

（4）主观幸福感减弱。

3. 预防与护理

未雨绸缪，正视空巢：做好充分的思想准备，计划好子女离家后的生活方式，有效防止空巢带来的家庭情感危机。

（1）夫妻扶持，相惜相携。

（2）回归社会，安享悠闲。

（3）对症下药，心病医心。

（4）子女关心，精神赡养。

（5）政策扶持，社会合力。

老年生活百问百答

1. 焦虑情绪心理调适

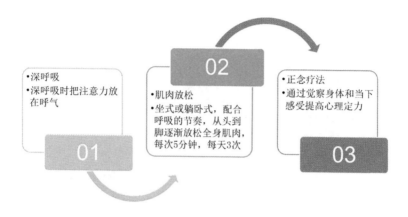

• 深呼吸
• 深呼吸时把注意力放在呼气

01

• 肌肉放松
• 坐式或躺卧式，配合呼吸的节奏，从头到脚逐渐放松全身肌肉，每次5分钟，每天3次

02

• 正念疗法
• 通过觉察身体和当下感受提高心理定力

03

2. 及早发现管理抑郁

● **轻度抑郁**

组建老人自助团体，为有抑郁情绪的老人提供心理辅导，预防老年抑郁的发生。

● **中度或重度抑郁**

对确诊为抑郁症的患者提供抑郁规范化治疗。

心理支持、全程治疗与随访

家属的理解和关心

第八章

居家生活

生活十问

第71问　老年居家防跌倒要点有哪些

　　据世界卫生组织统计，每年约有 1/3 的老年人会发生跌倒，每两次跌倒中就有一次可能受伤，而跌倒受伤过的老年人康复后，有 20%~30% 会出现身体灵活性下降，独立生活能力下降，过早死亡。跌倒已成为老年人伤残、失能和死亡的重要原因之一！

　　提高老年人的健康意识，科学防控老年人跌倒，是助力老年人幸福晚年生活的有力保障。那么我们该如何降低老年人跌倒的概率呢？老年人居家防跌倒应注意以下几点。

　　● **衣着**

　　老年人衣服要合身，裤腿不可过长，以防踩到绊倒。鞋子的选择更为重要，要选择防滑、合脚的鞋子，

老年生活百问百答

并且要定时更换，以防鞋磨损。

- **饮食**

老年人的饮食宜清淡可口，不可过咸、过辣。老年人年纪大了，吃太咸的东西可能会导致白内障，还会加重心脑血管负担。而且体内盐分过高，不仅会引起糖尿病、高血压，还会增加肾脏负担。日常应该多吃蔬菜水果，优质蛋白以及维生素丰富的食物，增强免疫力。

- **居住环境方面**

（1）保持地面干净，没有水渍，浴室铺上防滑垫，卧室、客厅和厨房等地方要铺上防滑地板。

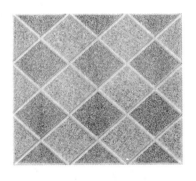

（2）照明方面，有楼梯的要安装夜视灯，客厅、厨房、卧室和浴室等空间要灯光明亮。

（3）尽量清除通道障碍物，无法清除的要有明显的标识。

（4）在浴室、楼道、走道上安装固定的扶手。

（5）家具、沙发不宜过软，桌椅不宜过低或过高，尽量避免尖锐的家具，或在尖锐处安装防撞条。

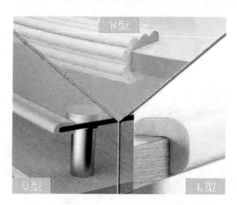

（6）客厅最好安装监视器，方便观察老年人的居家情况，家里设置合适的呼救铃。

● **个人行动方面**

老年人自己要正确评估自身的健康状况，选择合适自己的运动，或选择护理康复院专业指导，训练平衡感。

（1）老年人活动要缓慢，老年人骨骼脆弱，腿脚不灵活。因此，在活动时，每个动作后休息片刻，防止因重心不稳导致跌倒。最好结伴运动，相互照应。

（2）老年人切记要遵守起床三步：即在床上坐30秒，然后床沿双脚下垂坐30秒，在床边站立30秒，无不适再行走，可防止起床过猛，脑部供血不足，导致摔倒。

（3）家里有小朋友的要看护好，以防小孩玩耍时撞到老年人。

（4）脚步虚弱者，使用轮椅、助行器，或者多脚拐杖帮助行动。

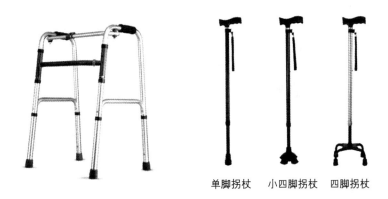

单脚拐杖　　小四脚拐杖　　四脚拐杖

（5）卫生间最好使用坐便器，同时如厕时间不宜过长，以防起立时头部供血不足导致跌倒。

（6）冬季、雨雪天注意防寒保暖，地面湿滑，应减少户外活动。

深静脉血栓是指血液非正常地在深静脉内凝结，阻塞管腔所致静脉回流障碍性疾病。可发生于全身各部位静脉，多见于下肢深静脉。有数据调查显示，每静坐1小时，深静脉血栓发生的风险会增加10%，坐90分钟会使膝关节血液循环降低50%，活动量的减少势必会增加深静脉血栓发生的风险。一旦发生，轻者可致残，重者并发肺

栓塞而导致死亡。老年人由于大多时间处在居家状态且活动量较少，是深静脉血栓发生的高风险人群之一，因此，预防很重要。

● **预防血栓要做到饮食合理**

随着生活水平的提高，饮食结构发生了变化，日常生活中不要多吃油腻食物。长期进食油腻食物会对身体的产生一定影响，长期大鱼大肉会使得血液黏稠度增加，导致血液中的毒素等沉积形成血栓。

多吃蔬菜和新鲜水果。新鲜蔬菜水果中含有大量维生素 C 及一些矿物质，这些物质都是人体必需的元素，可以帮助人体吸附血管中的毒素，并排出体外，从而有效预防血栓。

● **养成每天早晨起床后喝一杯温水的习惯**

起床后喝杯白开水能稀释血液，对预防血栓、预防心脑血管疾病有很好的作用。需要注意的是不要在晚上睡前多喝水，这样反而增加肾脏负担。

● **适当加强运动**

预防血栓的有效方法还有一种就是运动，运动能改善血液循环、改善心血管健康。游泳、骑车、慢跑等都是非常不错的运动方式。老年人可以打打太极拳、散散步等。对于无法下床活动的老年人，可以进行踝泵运动（勾伸和转动踝部）以及屈伸膝关节运动，一个动作可维持 5~10 秒，一次勾伸或屈伸动作为 1 次，每天 200 次。

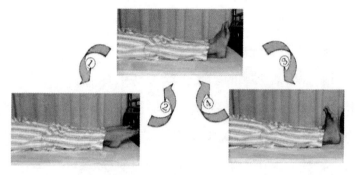

● **合理控制血压血脂**

如果血压比较高，要控制好自己的血压，保持一个良好的心态。同时注意血脂不要过高，高血压和高血脂者容易形成血栓。

第73问　老年居家急救常识知多少

俗语说："天有不测风云，人有旦夕祸福"。老年人由于各脏器功能衰退，动作反应缓慢迟钝，加上老年人往往患有各种基础疾病，最容易发生各种危险。因此，老年人应掌握一些急救常识，特别是独居老年人更为必要。老年人在遇到各种危险时，一定要保持冷静，认真分析一下眼前发生的情况，下面我们介绍几种常见的急救方式：

● 开水烫伤

首先要快速脱离热源，以免灼伤加重。尽快剪开或撕开灼伤部位的衣服与鞋袜，用冷水冲洗伤处以降温。比较严重者，冲洗时间应在 20 分钟以上。小面积烫伤，可外涂必舒膏、紫草油、烫伤膏等。面积较大且严重者，应用清洁卫生的毛巾、床单等保护好患处，立即到医院处置。切不可用酱油、牛油等任何食品涂擦，以防引起感染，影响伤处散热。烫伤有水泡不可刺破。水泡是一种天然包扎，能促进伤口自愈并预防感染。若影响日常活动，必须刺破时，则宜用消毒针穿刺，但一定要保留水泡外皮，以覆盖伤口、防止感染。

● 关节扭伤

最常见的是足踝扭伤。外伤初期，关节肿胀，忌用热敷。热敷会促进血液循环，使血流加速，加重肿胀。应立即休息，并冷敷患处（使用冷毛巾、冰块等），减轻疼痛和红肿。休息时可用绷带缠住足踝，把脚垫高。24 小时后才能改用热敷，或用红花油等外涂并按摩。

● 碰伤骨折

摔倒之后，不要急于爬起来。等冷静、神志清楚后，再慢慢地从远端到近端活动自己的关节，如果感到疼痛严重或不能伸展与屈曲，应停止活动，不可勉强站立。然后应紧急进行呼救，通知邻居、儿女或亲朋好友，等待救助。亲朋好友到达后，要告知他们哪个部位不能活动，搬动时要特别注意。若有骨折，应进行必要固定后，再送医院。

● **心肌梗死发作**

老年人若突然出现较严重（持续或阵发性）的胸痛、胸闷、憋气、出汗等症状；或出现无明显原因的上腹痛，并向左肩背部放射，甚至伴有恶心、呕吐；或出现不明原因的牙痛等，都应考虑可能是心绞痛、心肌梗死发作，此时应紧急预防性地舌下含服硝酸甘油（但短时间内不能服用多片硝酸甘油）、或含服速效救心丸等。家中有吸氧条件者可给患者吸氧，然后应将患者尽快送往医院，或通知"120"来急救。

● **异物卡喉**

生活中我们常常会遇到"食物卡住喉咙窒息"，这

老年生活百问百答

是由于气道堵塞后患者无法进行呼吸，造成人因缺氧而意外死亡。有资料显示，气道完全阻塞的窒息只需要持续6分钟，心跳就会停止。所以一旦发生异物卡喉，我们应该在救护车赶来之前立即采用海姆立克法进行自救或救他人。

异物卡喉的表现：

如突然出现不能说话、不能呼吸，面色和口唇的颜色变得青紫，甚至昏迷倒地，尤其是发生在进餐时，应该立即想到有可能发生了气道异物阻塞。如果神志清楚，会感到极度痛苦，常常不由自主地将手呈现"V"字形紧贴在颈前的喉部，这个姿势称为"海姆立克征象"。

海姆立克手法的原理：利用冲击腹部—膈肌下软组织被突然冲击，产生向上的压力，压迫两肺下部，从而驱使肺部残留空气形成一股气流。这股带有冲击性、方向性的长驱直入气管的气流，就能将堵住气管、喉部的食物硬块等异物排出，使人获救。

海姆立克急救法的应用：

成人篇——自救法

我们可以弯下腰，靠在固定的水平物体上，用它的边缘来压迫自己的上腹部，快速向上冲击直到异物排出。椅子的靠背、桌子的边缘、栏杆的扶手、窗台的边缘都能成为自救的工具。如果我们实在找不到这样的物品，自己用拳头来冲击腹部施救，也能取得良好的救治效果。

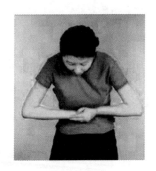

成人篇——他救法

站立位施救："剪刀——石头——布"。简单来说就是 3 个步骤：站在背后环抱其腰，确定冲击部位，向上反复冲击。

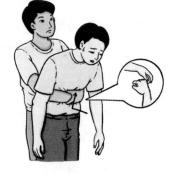

平卧位施救：对于昏迷的患者，首先要将其仰卧，施救者骑跨在患者的腹部，双手重叠，将下面的手掌放

置在患者的胸廓以下、脐以上之间的腹部，双侧手臂绷直，再借助施救者身体的重量，快速向前冲击患者的腹部，直到异物排出。

异物卡喉危险万分，因此重在预防，对于气道异物梗阻的高危人群，尤其是婴幼儿和老年人，进食时要格外小心！建议进食时保持安静，不要嬉戏打闹，不要说话，以免食物吸入气管导致窒息。

此外，在家庭急救中，还必须注意以下事项：

（1）发生急性腹痛不要立即用止痛药，以免掩盖症状，延误诊断。

（2）如老年人在饮酒或突然情绪激动后发生昏迷、一侧肢体偏瘫、失语等症状，怀疑有脑出血的患者忌随意搬动。随意搬动只会加重出血，应立即平卧，让头部抬高，并紧急送医院抢救。

（3）外伤发生出血者可以采用局部按压止血或在肢体上方采用止血带止血，但切忌用止血带长时间结扎。每隔 1 小时左右应松解 2 分钟，并做好记录。结扎时间过长，易引起止血带以下部位发生肢体缺血坏死。

（4）如老年人发生昏迷，应禁食、禁水。如给昏迷者进

食或饮水常会误入气管，引发肺炎或窒息，且应将头部取侧位，防止呕吐物误入气管。

第74问 老年居家如何警惕低温烫伤

　　低温烫伤也称为"低温烧伤"或"低热烧伤"，是长时间接触高于体温的低热物体（一般指 44~50℃）所引起的皮肤烫伤。寒冬腊月，在没有暖气的南方，老年人们纷纷拿出热水袋、电热毯、暖宝宝、油汀等取暖设备来取暖。然而万事皆有利弊，这些取暖方式也使得各医院伤口护理门诊增加了很多老年人低温烫伤的病例，低温烫伤的创面可能不大，看起来没有开水烫伤那么严重，但创面较深，可从真皮浅层向皮肤更深层渐进性损害，严重者可造成深部组织坏死，不容小觑。

老年生活百问百答

● 如何紧急处理

一旦发现皮肤红、肿、热、痛，需要立即使用冷疗，用干净的冷水持续冲洗20分钟以上，直至疼痛减轻，然后用无菌纱布敷上生理盐水冷敷，如无生理盐水，可用冷开水代替。但由于低温烫伤等创面较深、作用时间较长，冷疗无效时，应及时就医。

如果局部水泡形成或破溃，形成伤口，请及时就诊。在就诊前，不要涂抹各类有颜色的药水、膏剂等药物，否则易影响医师对伤口的评估。

● 如何预防

（1）取暖设备。一般而言，在选择取暖设备时，最好选择正规厂家、大品牌、质量合格的产品，不买"三无产品"，使用达到一定年限时，要及时更换产品。对于太烫的取暖设备，可以多裹几层毛巾，防止烫伤。如果使用电热毯时，应及早将其关至保温档或者直接在入睡前关闭电热毯。

（2）糖尿病患者、神经知觉受损者、脑血管意外患者、老年人、婴幼儿是高发人群，尽量减少对取暖用品等的接触，尽量在寒冷时选择空调、多穿衣物等方式。

生活中，磕磕碰碰在所难免，每个人都有自己处理伤口的经历。对于磕碰造成的小伤口，大部分人不愿为此跑一趟医院。但是，我们习以为常的一些操作，有可能是错的，而错误的操作不仅对伤口愈合没有帮助，更可能加重本来不怎么厉害的创面，延长伤口愈合的时间。小小的伤口如果处理不当，轻则留下瘢痕，重则继发感染，甚至威胁生命。因此，老年人需要了解以下常识。

● **了解日常擦伤及处理**

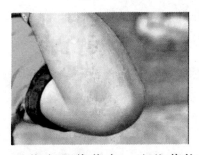

（1）表皮擦伤，伤势一般比较轻微。伤口很浅、面积较小，可用碘伏消毒伤口周围的皮肤。不可选用红药水和紫药水，这些药物含有重金属，对人体有毒，现在已经基本退出市场了。

（2）如伤口出血，可用干净的纱布或毛巾压迫止血5~10分钟。用生

理盐水冲洗清除伤口表面的异物：泥沙、灰层、衣服纤维等，没有生理盐水也可以选用饮用级的自来水、纯净水、矿泉水冲洗受伤部位。

● 注意处理伤口的误区

误区一：伤口清洗直接用消毒药水

伤口清洗的目的是除去异物、细菌或坏死组织，一般可用生理盐水清洗伤口，它最符合人体的生理环境，既可以减少伤口表面的细菌或代谢物质，又不会损害活力组织，是清洁所有伤口最安全和合适的洗剂，能让伤口保持干净。

大多数消毒药水在杀死细菌的同时，也会让组织细胞的蛋白质变性而延迟伤口愈合。

误区二：伤口一定要包扎，且包扎得越紧越好

对于一些表浅的伤口，渗液少时可不用包扎，因为传统的纱布包扎可使敷料和伤口组织液粘在一起，对伤

口造成二次伤害。对于渗液较多的伤口可选用新型敷料如泡沫敷料、水胶体敷料、半透膜敷料等，它具有吸收渗液、不粘连伤口的作用。

误区三：伤口不能遇水，要用创可贴保护

不论什么原因，只要有伤口就要防止碰水，以免引起感染。通常大家误认为创可贴可以防水、保护伤口，事实上创可贴的吸水性和透气性并不佳，不利于伤口渗液的引流，反而增加了伤口感染的可能性。而新型敷料通常具有透气防水功能，建议使用水胶体敷料、半透膜敷料等。

误区四：伤口需要每天换药

如果伤口渗液不多，可以保持清洁，就不需要每天换药。因为频繁换药反而使伤口易受污染，损伤新生肉芽组织。

第76问　老年居家如何正确拨打急救电话

大家都知道在一些紧急情况下需要拨打"120"急救电话，但是电话拨通后我们应该说什么呢？套用小品中的问法：拨打"120"电话总共分几步？答：分四步。

第一步，拨打"120"电话时，千万要镇定。在我们遇到突发情况，导致自己或家人受到伤害时难免会情绪激动，关心则乱，所以拨打"120"时一定要保持镇定。因为人在惊慌失措下容易言语表达不清，浪费抢救时间，所以不要惊慌，慢慢说，尽量讲普通话。

第二步很重要！要先听清楚接线员的问话。再说清楚患者"怎么了，哪里不舒服"，还有患者的性别和年龄。

第三步，一定不要说错。就是你和患者在哪里呢？对，地址不要说错。如果在家里一定要详细到门牌号，如果在户外一定要说清是哪条路哪条街。若是对周围环境不熟悉，找不到具体方位怎么办？那就寻找标志性建筑物，高高大大的建筑，以便"120"寻找时缩小范围。

第四步，留下你的手机号码，并且要保持你的电话通畅，急救车出车后会与你联系，所以不要让无关的电话占用你的生命线。一通电话是小事，节省抢救时间是大事。学会了如何正确拨打 120 电话，才会更早地使患者解除痛苦，得到救治。

第77问　老年居家生活洗手知识知多少

说到洗手，相信大家都会异口同声地说："洗手谁不会啊，天天都洗手！"

的确，洗手贯穿于我们工作和生活的每时每刻，但洗了手和洗对手还是有很大区别的。据研究，正确洗手能减少 30%~50% 的疾病风险。下面就来看一看，大家的"洗手"到底对不对，都踩了哪些"坑"？

"用盆洗手，省水又干净？"

错！表面看着是在用水洗手，但其实盆里的水经过反复洗已经脏了，用脏水洗手，洗完的手自然还是脏的。所以，洗手最好使用流动水。

"湿纸巾和免洗洗手

老年生活百问百答

液，可以代替洗手？"

市面上不少湿纸巾含有化学成分，长期使用其擦手，再拿东西吃，可能会影响胃肠道健康，部分易过敏体质还易造成皮肤过敏。免洗洗手液也不例外，多含酒精成分，长期使用易对皮肤造成伤害。湿纸巾和快速手消不能代替科学洗手，出门在外无流动水时，可作为清洁手部的辅助方式，但有条件时，要尽量用洗手液和流动水洗手。

"洗手液兑水，泡沫多省钱？"

错！洗手液多含有抑菌、消毒成分，且已科学配好比例，兑水则会破坏其比例，非但起不到消毒、杀菌效果，长时间搁置还容易滋生细菌，得不偿失。

"只有手脏了才需要洗手？"

当然不是！洗手不仅是在接触不洁物体后，喷嚏、咳嗽、饮食前、大小便后、出门归来之后都要及时洗手。

"洗手液抹后冲掉，手就干净了？"

作用不大！水打湿双手后，要充分揉搓洗手液或香皂至起泡沫，每个角落都不能放过，尤其手指缝和指甲，是病菌最爱躲藏的地方。

"如何正确洗手？"

（1）掌心相对，手指并拢，相互搓擦。

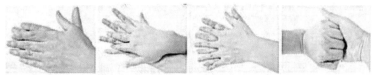

掌心相对，手指　　手心对手背沿指缝相　掌心相对，双手交　双手指相扣，
并拢相互搓擦　　　互搓擦，交换进行　叉沿指缝相互搓擦　互搓

一手握另一手大拇指　　将五个手指尖并拢在另一手　　螺旋式擦洗手腕，
旋转搓擦，交换进行　　掌心旋转搓擦，交换进行　　交替进行

（2）手心对手背沿指缝相互搓擦，交互进行。

（3）掌心相对，双手交叉指缝相互搓擦。

（4）弯曲手指使关节在另一手掌心旋转搓擦，交换进行。

（5）右手握住左手大拇指旋转搓擦，交换进行。

（6）将五个手指尖并拢放在另一手掌心旋转搓擦，交换进行。

（7）螺旋式擦洗手腕，交替进行。

最后在流动水下彻底冲净双手，用一次性纸巾或干净的毛巾擦干。

无论七步洗手或简易洗手，记住用流动水认真揉搓双手至少 15 秒。

第**78**问 老年居家生活消防安全需要注意什么

消防安全重于泰山。随着老龄化社会的加剧，老年人所占比重越来越大，然而，老年人往往消防意识薄弱，行动不便，缺乏必要自救能力，极易成为消防安全重点难点。毫无疑问，消防安全对每一个老年人来说都至关重要，因此老年人在居家生活中需要注意如下消防安全要点：

● **提高消防安全意识**

消防安全就像阳光和空气，用之不觉，失之难存，须臾不可离。一方面，要鼓励老年人有意识地主动学习了解基本的消防安全知识，养成良好的消防安全习惯，如不在床上或沙发上抽烟，谨慎使用明火、燃气等。另一方面，子女作为老人消防安全的第一责任人，要对老年人进行必要的消防安全科普培训宣教，除了精神上关爱老年人，更要及时地排除老年人身边存在的消防安全和隐患，防患于未然。

● **补全消防安全漏洞**

老年人家中要常备灭火器、手电筒、灭火毯等简单实用的消防器材，并且学会熟练使用，只有这样，在遇到微小火情的时候，老年人才可以第一时间扑灭自救。

此外，要帮老人检查家中的电气线路是否完好，不要私拉、乱接电线，大功率电器插座最好固定，使用正规厂家生产的电器设备，对燃气管道线路进行定期安全巡查检测等。

● **熟悉消防逃生流程**

（1）火势初起时，立即用灭火器灭火自救，如火势已大，要立即撤离火场。

（2）迅速拨打火警电话"119"。

（3）当楼道充斥大量烟气时，撤离时可用湿毛巾捂住口鼻，并弯腰低姿快行。

（4）迅速通过安全通道走楼梯向外疏散，从高楼层下撤时，切记不要乘电梯。

（5）当烟火封住下撤楼道、大门时，应将大门紧闭，用衣被塞门缝，防止烟气侵入，等待救援。

当今社会网络发达，年轻人往往具备较强的防范盗窃意识，盗窃诈骗团伙就把目标定位到信息相对闭塞、防范意识不强的老年群体，所以，近年来老年人的盗窃诈骗案屡见不鲜，老年人如何才能防止被骗被盗呢？注意事项主要包括以下几点。

● **完善防盗硬件设施**

（1）安装防盗门窗。老人家庭一定要安装高质量的防盗门窗，对于居家安全问题，防盗门窗是必选装备，因为防盗门窗的安全系数要比普通门窗要高很多。平常门窗锁住且要牢固。

（2）安装监控器。近年来，天网

工程让犯罪分子无处遁形，老年人可以在门口和室内安装监控器，这样可以了解室内室外发生的一些事情，能够更好地保护老年人。

（3）安装报警器。有条件的家庭可以安装报警器，放在易于够到的地方，一旦遇到突发情况，老年人可以实现迅速一键报警，增强安全系数，以防万一。

● **增强防范盗窃意识**

（1）老年人在居家日常生活中要主动学习，增强防范盗窃意识，一旦发生盗窃情况，无论金额多少，一定要第一时间拨打"110"报警。

（2）老年人日常居家要严密保管现金、贵重物品，尽量不要存放在家中，大笔现金应存入银行。存单、银行卡不要和户口簿、身份证等放在一起。

（3）老年人平时出门要关牢锁紧门窗，遇到陌生人敲门或在门口逗留徘徊要谨慎留意，增强防盗意识。

第80问 老年居家防电信诈骗常识知多少

目前，我国老年人群体中使用互联网的人数不断增加，老年人空余时间多、辨识能力弱、安全上网和防骗意识不足，面对复杂的网络环境和不断攀升的上网风险，老年人很容易成为不法分子的诈骗对象，因此老年人居家时需要注意如下防范电信诈骗常识。

- **凡是与钱有关要警惕**

电信诈骗最终的目的就是骗钱。所以凡是涉及个人隐私信息，比如银行卡、身份证信息、账户、密码等，一切与钱有关的一定要提高警惕，大概率是电信诈骗。要立即挂断电话，遇到不懂的要及时咨询子女的意见。

- **凡是过高收益产品均不买**

老年人防诈骗意识薄弱，容易贪图蝇头小利而落入高收益理财产品电信诈骗陷阱，老年人要切记凡是过高收益产品要慎重考虑。要选择有一定知名度的金融机构的产品，比如银行、信托机构，要按需选择适合自己风险承受能力产品。

● **凡是不懂的问题多咨询警察**

一些电信诈骗电话都会涉及公安、检察官、法官等，对于这些，老年人一定要保持镇定。一般政法机关办案，如需要了解情况，是绝对不会打电话与当事人进行沟通的，而是通过当地的派出所，社区民警或当事人进行面对面沟通。所以，凡是遇到事情不要慌张，不确定的地方第一时间咨询民警或拨打"96110"。

● **多关注反诈宣传**

如今，各媒体上经常会有对电信诈骗的宣传，老年人平时可以通过看报纸、看电视来了解相关信息，还可

以多问问周边的亲人。老年人作为电信诈骗的"高危人群"，要多问问子女们或拨打"96110"向警方咨询，子女也可以在手机上帮父母下载"国家反诈中心APP"，提高防范诈骗能力。

第九章

社交娱乐十问

老年人离开了辛勤工作多年的岗位，精神上的确可以轻松些了。为了使晚年生活更加科学化，更加丰富多彩，更有意义，应当进一步培养多方面的兴趣爱好。

老年人可根据自己的特点，如文化水平、性格类型等来选择力所能及的社交娱乐活动，也可几个人组团请人辅导，增加这方面知识，进一步培养。

诸如书法、绘画、集邮、棋类、桥牌、缝纫、编织、刺绣、养花、养鸟、钓鱼等活动。棋牌类活动也很有意义，如围棋、象棋、跳棋、桥牌、麻将等。

视力较差的老年人可以通过养花、养鸟、养鱼、植树等活动来陶冶情操，达到身心健康目的。爱活动的老人，三五结伴到河边垂钓，不但可钓得美味鲜鱼，动中取静，也可适当降低血压。从事烹饪学习一些家庭烹调知识，做些可口的食物，其中也有很大的乐趣。

有些老年人精力不减当年，立志在晚年再学某些科学，这种对事业的追求精神，应该鼓励。例如，过去做政治工作的，再进一步学习法律知识，为人排忧解难；经济工作者再学商业贸易、经济管理，做些市场调查，可为政府机关提供更多的信息；医生可以为左邻右舍的人看病等。这些活动不仅丰富了老年人的业余生活，而且对健康长寿也有利。

第82问　如何预防麻将牌综合征

　　打麻将是一种常见的娱乐活动，颇受群众欢迎。但不得不引起注意的是，有的人打麻将上瘾，常常是整天沉迷在麻将桌旁，一坐就是一整天，甚至通宵达旦；还有的人把打麻将当成赌博游戏，而且赌资越来越大，打麻将时往往精神高度紧张。这种"过头"的打麻将活动，不仅对身体健康无益，还会造成多种危害，使身体出现多种不适，患上"麻将牌综合征"。

　　麻将牌综合征的症状与危害包括以下6个方面。

　　（1）腰肌劳损：久坐麻将台前，腰背挺直，椎间盘和棘间韧带长时间处于一种紧张僵持状态，日久就会腰背疼痛、僵硬，不能俯仰和转身，久坐还会使骨盆和骶髂关节长时间负重，影响下肢血液循环，出现两腿麻木和肌肉萎缩。久而久之，肌肉筋骨乏力。内脏器官功能失调、终将引起病变。

　　（2）神经衰弱：麻将成瘾者常通宵达旦鏖战，使大脑皮层长时间处于高度兴奋之中，造成自主神经功能紊乱，出现头晕目眩、精神疲乏、视物不清、记忆力下降、判断力减弱等症状。

（3）消化不良：整天沉湎于搓麻将，打乱了饮食起居规律，加上缺乏全身活动，使肠胃蠕动减弱，消化液分泌减少，于是出现食欲不振，可引起恶心、呕吐，胸闷、腹胀，大便秘结。

（4）传染疾病：麻将牌是肝炎、结核、红眼病和其他多种接触性感染性传染病的一大传播媒介。据检测，一张麻将牌上可沾染800多万个致病微生物，其中有大肠杆菌、金黄色葡萄球菌、结核菌及多种病毒，麻将牌你搓我摸，极易引起感染。

（5）感情危机：麻将沉迷者白天黑夜以麻将为伴，与家人缺少接触，就会产生感情隔阂和危机，引起家庭不和。

（6）心理刺激：有的人以为小赌问题不大，但输赢后心理反差也会影响身心健康。

第83问 书法、绘画为何能延年益寿

书法、绘画是一部分老年人喜爱的业余活动。有些老年人离退休后，在练书法、绘画的同时，本来不算好

的身体也渐渐好起来。有些性情急躁的老年人练书法、绘画后提高了修养，情绪也较稳定了。书法、绘画的确能使老年人延年益寿。一般来说，这种延年益寿的作用可能与以下几方面的因素有关。

1. 绘画不是凭空想象的

构思一幅好的山水、风景、人物画，必须深入生活，到迷人的风景区收集素材，有了"第一手"材料后，才有可能结合自己的想象，调动出"灵感"，画出一幅好画来。老年人为了画画、练书法常去风景区，对老年人的情绪和身体是有好处的。大自然美丽的景色常使人心旷神怡，流连忘返。

2. 书法、绘画时需有一个很安静的环境

练书法、绘画的老年人常独居一室长时间构思，一幅幅美丽的图画从脑中闪过，这时老年人的"意念"就是美丽的景色，因而呼吸、心跳平稳，正如气功那样对身体有益，使机体的内环境得以调整协调。

3. 书法、绘画离不开手的协调运动

手的协调运动又使得大脑处于经常"运动""使用"状态，使脑细胞的新陈代谢得以改善，有延缓智

力衰退的作用。

4.书法、绘画能陶冶老人的情操

易躁易怒的老年人练书法、绘画后逐渐变得和蔼可亲。练书法、绘画的老年人大多数业余时间是在这种舒缓而柔和的生活节奏下度过的，所以，一般练书法、绘画的老年人心胸开阔，心情舒畅，心理状态良好，身体健康，寿命延长。

第84问 养花对老年人的益处有哪些

养花是一项富有情趣，而又有益于老年人心身健康的活动。老年人在与大自然的接触中，将更加热爱生活。花是自然界中美的精英。许多老年人有赏菊、赏荷的爱好。退休之后，在庭院种上些花草，在室内置几盆兰菊，每天为它们洒水、施肥、剪枝，无不充满乐趣。有诗人曾说过："我向前走去，但我一看到花，脚步就慢了下来。"

养花的好处如下：①花卉色彩绚丽，姿态万千，幽香四溢，沁人心脾，不仅美化环境，使人赏心悦目，而且陶冶人的情操，使人视野开阔，心地坦荡。②养花使老年人有精神寄托，忘记忧愁和烦恼，使精神生活充实。③养花是有益的体力劳动，能疏通血脉，活动筋骨，祛病延年。④室内养花，植物通过光合作用可吸收二氧化碳，放出氧气，使室内空气新鲜；不少花卉还能吸附、中和、减少环境中的有害物质，如美人蕉能吸附氟，夹竹桃可吸收氯气，桂花、栀子有较强的吸尘作用，这样可减少室内灰尘和有害气体。当然，室内养花还可增加室内湿度，这无疑也对老年人有益。⑤不少花的香气可影响人的思维情绪，如水仙的香味使人感情温顺缠绵，玫瑰的香味使人爽朗愉快；茉莉花香使人沉静，菊花的香味使人思维清晰，这一切均对老年人有所裨益。

第85问　钓鱼对老年人的益处有哪些

钓鱼更是一项有益于身心的体育活动。钓鱼有以下几方面的好处：

1. 钓鱼能使老年人精神有所寄托

老年人离退休在家，往往感到无所事事。而钓鱼活动使你身处大自然之中，呼吸新鲜空气，沐浴着阳光，使人有一种悠然自得之感，若钓上一条鱼，则更感兴奋愉快。

2. 钓鱼是一项适于老年人的体育锻炼

钓鱼要走到郊外、河湖边，既要全神贯注鱼漂是否上浮，又要排除一切杂念，静坐在安谧的湖边河岸，一旦鱼儿上钩，又要挥竿捉鱼，真是手脚并用，当鱼儿送进鱼篓后，还要重上鱼饵，这一动一静，对老年人是何等适宜啊！

3. 钓鱼可锻炼人的意志，磨炼人的耐性，陶冶人的情操

钓鱼既快乐，又辛苦。钓鱼要起得很早，夏天顶烈日，春秋早晚天凉，遇上天气变化，还要受风吹雨淋之苦。有时为了找一个好的钓鱼处所，还要跋山涉水，这样既锻炼了身体，又增强了吃苦耐劳的精神。垂钓还可以培养耐心、细致、沉着等品质，是锻炼意志的一种好方法。

4. 钓鱼需学习一些气象、水文知识

养花、钓鱼的老年人还得学习一些气象等知识，增加了用脑的机会，在娱乐中学习，在学习中娱乐，真是有益健康，其乐无穷。

　　音乐噪声综合征是由噪声引起的疾病。所谓噪声，指的是生活环境中对人体有不良影响的音响。

　　当噪声级别在 80 分贝以上时，人连续接触超过 8 小时，就会有造成听力损害的危险。当音量达到 120 分贝时，由于强大的声压，人的三叉神经会产生明显疼痛，并可能当即发生听力损伤。同时，音响的音量对人的视觉亦会造成影响。医学研究表明，当音响发出的强烈音乐噪声作用于听觉器官时，通过传入神经的相互作用，也可使视觉功能发生异常变化，从而影响视力。

　　随着科学技术的进步，立体声音响设备已成为近年来十分流行的家用电器之一。但是，医学家发现，有些人由于对音量、音质选择不当，欣赏音乐的方法不对，在欣赏音乐的同时，不知不觉地患上了"音乐噪声病"。

　　当噪声达到 85 分贝时，人眼的视力清晰度恢复到稳定状态至少要 1 小时，而在 20 分贝时，只需 20 分钟。由此可见，噪声可降低视力清晰度的稳定性。国际标准规定，城市允许的噪声声级为 42 分贝，而音响产生的噪声强度一般都在 80 分贝或以上。在特殊的场合，如演唱会现场等，各种扬声器发出的噪声强度可达 100 分贝以上。

人置身于强烈的音乐声中，会出现头胀、耳鸣、易激动、记忆力减退、心动过速、血压升高、失眠多梦、恶心呕吐及食欲减退等症状。

第87问 看电视应注意些什么

电视已成为人们工作、劳动与学习之余消遣和娱乐的重要工具之一，同时也是人们收集信息、学习文化、陶冶性情的工具之一。但是，看电视时如果不注意用眼等卫生，对健康就会产生不利的影响。

1. 看电视的人与电视机要保持应有的距离

一般来说，人与电视机的距离不少于 2 米。电视机前周围灰尘较多。这些灰尘对呼吸道与皮肤有刺激作用。

2. 宜多食用一些胡萝卜等含维生素 A 的食物

经常看电视，要消耗不少眼睛的视紫红质。视紫红质消耗多了容易引起夜盲症与眼干燥症。而视紫红质的合成需要大量的维生素 A。特别是有些上网课的学生，是通过网络或电视上课的，更要注意补充维生素 A。

3. 要注意眼睛保健

看电视时眼部的有关肌肉和视神经细胞都要活动。另外，看电视时荧光屏的光线明暗强弱在不断地变换，眼部肌肉与视神经也须跟着不停地调节。因此，看电视比看书眼睛更加"劳神"，所以眼睛也更容易疲劳。一般来说，看电视时宜常做眼保健操，也可以常闭上眼睛做短暂歇息。为了减少黑白反差，看电视时最好开一盏 5~8 瓦的电灯。这样也可以减少眼睛疲劳。

第88问 唱歌对老年人的益处

对老年人而言，唱歌是一种简便而有效的健身方法。

（1）唱歌能使人心肺输出量增大。一个健康的人静止时，每分钟肺吸入的空气量一般为 3~4 升，唱歌时可增至 60~80 升，可见经常唱歌可使肺活量保持在较高水平，呼吸深而长，心跳有力。

（2）唱歌时肌肉收缩，血液循环加快，所以，健康人每分钟心脏输出血液约为 4 升，唱歌时可高达 20 升，这就促进和加强了组织细胞的代谢活动。

（3）由于唱歌时小腹肌肉收缩，将气息均匀推出，使呼吸系统的肌肉得到充分锻炼，收到游泳、划船与健身操同样的效果，锻炼了胸腹壁肌肉。

（4）由于唱歌时呼吸改变，对腹腔内的器官产生压力，使胃肠经受一种摇摆式的振荡，这对促进血液和淋巴的畅通很有好处。

第89问 音乐欣赏对老年人的益处

音乐有很多种类，如古典名曲、进行曲、协奏曲、小夜曲、奏鸣曲、交响乐、圆舞曲等。

老年人听音乐可根据个人兴趣、爱好、性格、民族特点、文化程度以及有无疾病、病情等考虑。对于老年人，音乐是"人体不可缺少的特殊营养"，应该在饭后经常听听音乐。

音乐的旋律、节奏、音调对人是一种良性刺激，能影响大脑、脑干网状结构和自主神经系统的功能，促进胃肠蠕动，增加消化液的分泌，有利于食物的消化吸收。

音乐还可以使老年人精神愉快，血脉流畅，促进血液循环。例如，患有神经衰弱症、不能入睡或睡眠不好的老年人可选听有催眠作用的《二泉映月》《军港之夜》《春思》《仲夏夜之梦》《平湖秋月》等；易躁、易怒的老年人及高血压患者可选听有镇静作用的《塞上曲》《春江花月夜》《平沙落雁》；性格内向、抑郁的老年人可欣赏《江南好》《春风得意》等。过于疲劳的老年人，在劳动间歇可听听《假日的海滩》《水上音乐》等，以消除疲劳的感觉；心境状态不佳、精神萎靡的老年人可选听能振奋精神的《娱乐升平》《狂欢》《金蛇狂舞曲》等；心事重重、焦虑、不思饮食的老年人可选听有促进食欲作用的《花好月圆》《欢乐舞曲》等。

第90问　手工编织对老年人的益处

编织是一种技术，将植物的枝条、叶、茎、皮等加工后，用手工进行编织的工艺。

编织工艺品按原料划分主要有竹编、藤编、草编、棕编、柳编、麻编等6大类。编织工艺品的品种主要有日用品、欣赏品、家具、玩具、鞋帽等5类。日用品有席、坐垫、靠垫、各式提篮（花篮、菜篮、水果篮）等。欣赏品有挂屏、屏风及人物、动物造型的编织工艺品。

人的拇指与其他四指分开，可做对掌运动。手的功能很多，非常灵活，使得人脑相当发达、人的智能达到了很高的水平。

研究发现人的智力与其手的灵巧与否、精细动作及复杂的手指运动等密切相关。打算盘又准又快的学生，他们的接受能力都比较强，学习成绩良好，也就是说手的精细动作做得越好，脑的发育也越好。

手工编织是手、眼、脑并用，是靠双手协调的精细运动来完成的。在编织过程中，手腕、手掌，特别是手指都在不停地运动，指挥手运动的中枢神经系统也在不断地"工作"。和身体的其他器官一样，人脑也越用越灵活。

第十章

退休生活十问

第91问　如何适应退休生活

　　研究显示，我国城市老年人对于退休生活整体处于比较适应的水平，但部分老年人仍然会出现不适应的状况，甚至出现"退休综合征"，特别是在退休后的初期，尤其是退休后三个月或半年。"退休综合征"是指老年人由于退休后不能适应新的社会角色、生活环境以及生活方式的变化而出现的焦虑、抑郁、恐惧等消极情绪，严重者会引发其他生理疾病，严重影响身体健康。一旦出现以上症状就要注意了，要积极调节自身情绪，寻求家人及专业人员的帮助，让自己尽快适应退休生活。

第92问　如何克服抑郁情绪

　　当一个人适应了有规律、有节奏、有规划、有责任、有成就的在职生活，一旦退休后没有约束，反而不能很快适应。然而，随着年龄的增长，人的生理机能不断老化，体力、脑力和反应能力等逐渐减弱，往往难以适应在职生活。所以，退休是顺应人类生命发展的规律的，我们应当开开心心、豁达开朗地面对退休生活。

湖南社会科学院退休老人王兴国先生曾说过"人老心不老，开心变年少"。开心、健康的生活状态和人的身心健康密切相关。积极地面对退休生活，是保持"年轻"和健康的关键。试着尝试每天问一问自己"我今天开心吗？"尝试每天给自己一个心理暗示"我今天很开心！"尝试每天给自己"点个赞"，相信开心离您不远啦！

第93问　如何减轻孤独感，从容面对退休

工作是我们生命中不可或缺的一部分，在工作中我们可以收获朋友、工作伙伴，实现人生价值。所以，很多老年人一旦退休，缺失了与部分朋友和工作伙伴的相处后，会感到很孤独，甚至是无助。孤独感水平越高的退休老年人自我评价往往较低、自我接纳度较差、自我安全感不足、睡眠质量欠佳，这些都会严重影响老年人的身心健康。此外，长期的高水平的孤独感又会使人越来越封闭，变得郁郁寡欢。因此，采取有效的措施缓解退休后的孤独十分必要。一方面，可以多联系自己的亲朋好友，发发信息、打打电话；另

一方面，学会建立新的社会关系，寻找新的朋友；除此之外，可以培养一些兴趣爱好，让自己的生活充实起来，"消灭"孤独。

第94问 如何克服"坏脾气"，学会倾听

退休前后，很多老年人的性格会发生很大的变化，我们通常说"老小孩"。老年人就像小孩一样，不会过多地压抑自己的情绪，有什么不满都会直接表达出来，这是一种正常的现象。保持一份愉快的心情，最重要的一点就是学会抒发和宣泄，把自己内心的不满和苦闷向他人倾诉，寻求他人的理解。当对朋友叙述着抑郁时，理解和友爱消除了心中的淤塞，心里的"垃圾"倒出来了，就会有空间去接收愉快的事物。

第95问 如何正确处理家庭关系，减少矛盾

经常会听到有人说"我爸爸退休后脾气变差了，动不动就生闷气……""我爷爷退休后变成了一个'怪老头'……"在职时大部分生活重心都在工作上，退休

后很多老年人将工作重心回归生活，往往会出现"爱管闲事儿"的现象，并且和家人的相处时间远远超过退休前，古人说得好"距离产生美"，老年人的家庭关系也变得复杂起来。

当您意识到与家人相处出现问题时，一定要学会正确地去沟通，敞开心扉去进行深入的交流，让家人了解自己的真实想法，同时了解家人的真实感受，共同去面对和缓解家庭关系。同时，还可以寻求社会工作者的帮助，寻求外界力量的帮助。

第96问 如何培养兴趣爱好，充实退休生活

退休后，不能没有爱好。没有爱好，一天到晚无所事事，提不起精神，日子过得枯燥无味，心里感到空虚、沮丧。有爱好，精神上有寄托，时间消磨快，日子过得充实，生活就不会感到寂寞。兴趣和爱好对老年人来说更为重要，它既能丰富生活内容，激发对生活的兴趣，使神经系统更好地调节全身各个系统、器官的生理活动，对延缓衰老、预防老年痴呆都有积极作用。退休后，老年人可以培养一些适合自己的兴趣爱好，如打太极、练书法、下棋、学乐器、旅游等。

第97问 如何跟上时代步伐

古人云：学无止境。社会在不断进步，人们也需要不断继续学习。一方面，通过学习可以获取知识、技能，提高自身素养；另一方面，在学习的过程中又可以结交新的朋友，增加人际沟通交流，有助于自身尽快适应退休生活，避免退休带来的孤独、焦虑和抑郁；同时还可以丰富自己的晚年生活。

年轻时，由于工作繁忙，很多人把爱好藏在心底，退休后，是重拾兴趣爱好的大好时机，再学习渐渐成了很多退休老年人的首选，成了他们晚年生活的重要组成部分。根据自身的兴趣爱好，选择适合自己的课程，如音乐、舞蹈、乐器、书法、太极、电脑知识等，走进人生新的课堂。

第98问 如何养成良好的生活方式

有规律的生活原是健康与长寿的秘诀。人们的生活方式与健康密切相关。不良的生活方式不仅容易引发糖尿病、高血压、心脑血管疾病等慢性疾病，甚至会引发癌症等恶性疾病。影响老年人健康的不良生活方式有：烧菜过量添加食盐、酱油和糖；经常吃腌制食品、储存不当的隔夜饭菜；久坐不动，缺乏体育锻炼；吸烟；过量饮酒；长时间看电视、打牌、玩麻将；健康意识淡漠，不重视体检；有病不及时就医，不遵医嘱服药；盲目食用保健品，用保健品代替药品。

退休后的老年人要养成良好的生活方式，促进自身健康。

第99问　如何关注健康

有学者曾说过："健康是智慧的条件，是愉快的标志。"健康是人生最重要的财富，如果没有健康的身体，家庭、事业、生活都将会受到很大的影响。研究显示，退休对人的健康会造成一定影响，特别是男性，很多男性在退休后体重超重的概率随之增加，慢病的患病率也会随之增加。因此，退休后制订恰当的运动计划和生活方式尤为重要。

如果健康的满分是 10 分，您给自己打几分呢？

养老是退休老年人需要考虑的重要问题，目前我国的养老模式主要有以下几种。

● **居家养老**

居家养老主要由子女来承担照顾父母的义务，在家里安享晚年。对养老院或者护理院存在偏见或抗拒心理的老年人可以选择这种养老模式。

● **居家式社区养老**

居家式社区养老是将家庭和社区养老相结合的养老模式，这种模式下老年人既可以不用离开熟悉的家庭环境，又可以在需要的时候得到社区人员的照顾和陪伴，是国家大力倡导的一种新型养老模式。

● **机构养老**

机构养老包括养老院、老年护理院、养老公寓等形式。机构养老适用于喜欢过群体生活的老年人，将是未来养老的一大主体方式，但需要一定的经济支撑。

● **乡村养老**

乡村环境优美，空气清新，对于喜欢亲近大自然的老年人是一种适合的养老模式。此外，乡村养老经济成本相对较低。